— 让少年看懂世界的第一套科普书 —

从一∞到无穷大

微观宇宙

[美] 乔治·伽莫夫　著

陈炳丞　刘潇潇　译

中国妇女出版社

图书在版编目（CIP）数据

从一到无穷大．微观宇宙 ／（美）乔治·伽莫夫
(George Gamow) 著；陈炳丞，刘潇潇译．－－北京：中
国妇女出版社，2020.3
　　（让少年看懂世界的第一套科普书）
　　书名原文：One，two，three—infinity
　　ISBN 978-7-5127-1795-4

　　Ⅰ.①从…　Ⅱ.①乔…②陈…③刘…　Ⅲ.①自然科
学－青少年读物　Ⅳ.①N49

中国版本图书馆CIP数据核字（2019）第249564号

从一到无穷大——微观宇宙

作　　者：[美]乔治·伽莫夫 著　陈炳丞　刘潇潇 译
责任编辑：应 莹 张 于
封面设计：尚世视觉
插图绘制：许豆豆
责任印制：王卫东
出版发行：中国妇女出版社
地　　址：北京市东城区史家胡同甲24号　　邮政编码：100010
电　　话：（010）65133160（发行部）　　65133161（邮购）
网　　址：www.womenbooks.cn
法律顾问：北京市道可特律师事务所
经　　销：各地新华书店
印　　刷：北京通州皇家印刷厂
开　　本：170×240　1/16
印　　张：16
字　　数：150千字
版　　次：2020年3月第1版
印　　次：2020年3月第1次
书　　号：ISBN 978-7-5127-1795-4
定　　价：46.00元

编者的话

　　科技兴则民族兴，科技强则国家强。2018年5月28日，习近平总书记在两院院士大会上指出："我们比历史上任何时期都更接近中华民族伟大复兴的目标，我们比历史上任何时期都更需要建设世界科技强国！"这一号召强调了建设科技强国的奋斗目标，为鼓励青少年不断探索世界科技前沿，提高创新能力指明了方向。

　　"让少年看懂世界的第一套科普书"是一套适合新时代青少年阅读的优秀科普读物。作者乔治·伽莫夫是享誉世界的核物理学家、天文学家，他一生致力于科学知识的普及工作，并于1956年荣获联合国教科文组织颁发的卡林加科普奖。本套丛书选取的是伽莫夫的代表作品《物理世界奇遇记》《从一到无穷大》。这两部作品内容涵盖广泛，包括物理学、数学、天文学等方方面面。伽莫夫通过对一个个奇幻故事的科学分析，将深奥的科学知识与生活场景巧妙地结合起来，让艰涩的科学原理变得简单易懂。出版近八十年来，这两部作品对科普界产生了巨大的影响，爱因斯坦曾评价他的书"深受启发""受益良多"。直至今日，《物理世界奇遇记》《从一到无穷大》依然是众多科学家、学者的科学启蒙书。因此，我们希望通过这套丛书的出版，让青少年站在科学巨匠的肩膀上，学习前沿科学知识，提升科学素养。

本套丛书知识密度较高，囊括大量科学原理和概念，考虑到青少年的阅读习惯和阅读特点，我们在编辑过程中将《从一到无穷大》《物理世界奇遇记》的内容进行了梳理调整和分册设计。在保留原书原汁原味内容的基础上，推出《从一到无穷大——数字时空与爱因斯坦》《从一到无穷大——微观宇宙》《从一到无穷大——宏观世界》《物理世界奇遇记》四分册，根据内容重新绘制了知识场景插图，补充了阅读难点、知识点注释。除此之外，我们对每册书中涉及的主要人物和主要理论在文前进行介绍，为孩子搭建"阅读脚手架"，让孩子以此为"抓手"在系统阅读中领悟自然科学的基本成就和前沿进展，帮助孩子拓展知识，培养科学思维，建立科学自信，拥有完善的科学体系。

由于写作年代的限制，当时科学还没有发展到现在的地步，本丛书的内容会存在一定的局限性和不严谨的问题，比如，书中的"大爆炸"理论至今在学界还存在着较大争议，并不是一个定论，对于这部分内容的阅读，小读者需保持客观态度；有些地方有旧制单位混用和质量、重量等物理量混用的现象。我们在保证原书内容完整的基础上，做了必要的处理。

我们尽了最大的努力进行编写，但难免有不足的地方，还请读者提出宝贵的意见和建议，以帮助我们更好地完善。

第一版作者前言

原子、恒星和星云是如何构成的？什么是熵和基因？空间是否能够发生弯曲？火箭在飞行时变短的原因又是什么？这些问题正是我们要在这本书中进行讨论的，除此之外，这本书中还有很多有意思的事物等着我们去发现。

我之所以要写这本书，是想把现代科学中最有价值的事实和理论都收集起来，按照宇宙在现代科学家脑海里呈现的模样，从微观和宏观两个方面为读者描绘一幅关于宇宙的全景图。在推进这项计划时，我并不想面面俱到地把各种问题都解释清楚，因为这样做一定会把这本书变成一部百科全书。但是，我还是会努力将讨论的各种问题在整个基本的科学知识领域内进行覆盖，尽力不留下死角。

我在选择写进书中的问题时，是按照这个问题是否重要有趣，而不是是否简单来选择的，因此会出现一些问题简单、一些问题复杂的情况。书中有的章节非常简单易懂；有的章节很复杂，需要多思考、集中精力才能明白。但我还是希望那些还没有进入科学大门的读者也能较为轻松地读懂这本书。

大家会发现，本书的"宏观世界"部分的篇幅要远远短于"微观宇宙"，这是因为宏观世界中的诸多问题已经在我的另两部作品《太阳的生和死》《地球自传》中详细地讨论过了。因此为了避免重复太多使读者感到厌烦，在这本书中就不赘述了。在"宏观世界"这一部分中，我只会简单地提一下行星、恒星和星云世界中的各种物理事实，以及它们运行的物理规律。只有对那些在最近的三五年中，因科学的发展而取得新成果的问题，才进行更详细地论述。根据这个想法，我特别重视以下两个方面的新进展：一是最近提出的观点，巨大的恒星爆发（也就是超新星）是由物理学中目前知道的最小的粒子（中微子）引起的；二是新的行星系形成的理论，这个理论不再是过去科学家普遍认为的行星是由太阳和某个恒星撞击而诞生的，而是重新确立了康德和拉普拉斯的那个快要被人忘却的旧观点——各行星是由太阳创造的。

我需要感谢那些用拓扑学变形法作画的画家和插画师，他们的作品让我受到了很大的启迪，变成这本书插图的基础。我还要提一下我的朋友玛丽娜·冯·诺依曼，她曾经非常自信地说，在很多问题上她比她杰出的父亲更明白。当然，在数学问题上，她只能和她的父亲不相上下。她在阅读这本书原稿中的一些章节后，对我说书中的一些内容对她也有启发。我原本是想把这本书写给我刚满12岁、只想当个牛仔的儿子伊戈尔，以及和他差不多大的孩子看的，但听了玛丽娜的话后，我反复考虑决定不局限读者对象，而最终写成现在这个样子。因此，我要尤其感谢她。

乔治·伽莫夫

1946年12月1日

1961 年版作者前言

几乎所有的科学著作在出版几年之后就会跟不上时代的步伐，特别是那些正在迅速发展的科学分支学科的作品。这样说来，我的这部《从一到无穷大》是在13年前出版的，至今还可以一读，很是幸运。这本书是在科学有了重大进展后出版的，并且当时的进展都被收录在书中，所以再版时只需要进行一些适当的修改和补充，它还是一本不过时的书。

近年来，科学上的一个重大进展是可以通过氢弹中的热核反应释放出大量的原子核能，并且正在缓慢地稳步前进，最终达到通过受控热核过程对核能进行和平利用的目标。由于在本书的第一版第十一章中已经讲过热核反应的原理和它在天体物理学中的应用，因此本次修订仅在第七章末尾补充了一些新的资料，来讲述科学家要达到这一目标的过程。

书中还有一些变动是由于利用加利福尼亚州帕洛玛山上的口

径为200英寸海尔望远镜而得到了一些新的数据，因此把宇宙的年龄进行了修改，从二三十亿年延长至五十亿年以上，同时对天文距离的尺度也进行了修正。

生物化学的研究也有新的进展，因而我重新绘制了图101，并把图示也进行了修改；在第九章结尾处补充了一些和合成简单的生命有机体有关的新资料。在第一版中，我曾这样写道："没错，在活性物质与非活性物质之间，一定有一个过渡。如果某一天——也可能就在不远的未来，一位杰出的生物化学家通过使用普通的化学元素制造出一个病毒分子，那么他完全可以向世界宣称：'我刚才给一个没有生命的物质加入了生命的气息！'"事实上，几年前的加利福尼亚州已经实现了这一课题，读者可以在第九章结尾处看到关于它的介绍。

还有一个变动是：我曾在本书的第一版中提到我的儿子伊戈尔想要当个牛仔，之后我就收到了很多读者来信询问他是否真的变成了牛仔。我想说：没有！他现在正在上大学，学习生物学专业，明年夏天毕业，并且在毕业后希望能在遗传学方面进行研究工作。

乔治·伽莫夫

1960年11月于科罗拉多大学

主要人物
DOMINATING FIGURE

德谟克里特

(约前460~约前370)

古希腊哲学家，原子论创始人之一。他一生勤奋钻研学问，知识渊博，思想遍布知识的各个领域。他认为万物的本源是原子与虚空，运动是原子固有的，即原子处在永恒的运动之中。世界是由原子在虚空的旋涡运动中产生的。他著有《小宇宙秩序》《论自然》《论人生》等，但仅有残篇流传于世。

法拉第

(1791~1867)

英国物理学家、化学家。他当过学徒，后来自学成才。他在1831年发现电磁感应现象，从而提出了电磁感应的基本定律，为现代电工学奠定了基础。1833年他发现电解定律，是最早能够证明电荷不连续性的证据。他还研究了电场和磁场，是最先引入场的概念的人。

门捷列夫

(1834～1907)

俄国化学家，化学元素周期律的发现者之一。他制作出了世界上第一张元素周期表，并预测了一些尚未发现的元素。他提出溶液水化原理，是近代溶液学说的先驱。他在气体定律、石油工业、农业化学等方面都做出了不同程度的贡献。他的主要著作是《化学原理》。

汤姆孙

(1856～1940)

英国物理学家。他毕业于剑桥大学，一生致力于气体放电方面的研究。1887年，他在对阴极射线进行研究时，在实验中发现了电子的存在，并测定了电子的比荷。1912年，他在对某些元素的极隧射线进行研究时，发现了同位素的存在。1906年获得了诺贝尔物理学奖。

卢瑟福

(1871～1937)

英国物理学家。他生于新西兰，毕业于新西兰大学。他发现放射性辐射中的两种成分，并命名这两种成分为 α 射线和 β 射线，之后发现了放射性元素"钍"。他根据 α 粒子的散射实验发现原子核的存在，因而提出原子结构的行星模型（卢瑟福模型）。他因对元素蜕变以及放射化学研究的贡献，于1908年荣获诺贝尔化学奖。

尼尔斯·玻尔

(1885～1962)

丹麦物理学家。他通过普朗克量子化假说和卢瑟福原子行星模型，提出了玻尔模型来解释氢原子光谱，并提出了"对应理论"，对量子论和量子力学的建立起了重要作用。他提出互补原理和哥本哈根诠释来解释量子力学，因此也是哥本哈根学派的创始人。

薛定谔

(1887～1961)

奥地利物理学家、量子力学的奠基人之一。他在德布罗意物质波理论的基础上，建立了波动力学。他建立了薛定谔方程，这是用来描述量子力学中微观粒子运动状态的基本定律，这一定律在量子力学中的地位与牛顿运动定律在经典力学中的地位相似。因发展了原子理论，他和狄拉克共同获得1933年诺贝尔物理学奖。

海森伯

(1901～1976)

德国物理学家。他在1925年提出了不确定性原理，建立了矩阵力学，为量子力学的发展做出了巨大贡献。他的《量子论的物理学原理》是量子力学领域的一部经典著作。由于上述贡献，他在1932年获得诺贝尔物理学奖。

主要理论
DOMINATING THEORY

量子力学

量子力学是现代物理学的理论基础之一，是研究微观粒子运动规律的理论。19世纪末，人们发现大量的物理实验事实不能再用经典物理学中"能量是完全连续性的"理论来解释，于是普朗克、爱因斯坦、玻尔、海森伯、薛定谔等科学家进行了各种实验和研究，在20世纪20年代中期建立起量子力学。

量子论

量子论是现代物理学的两大基石之一，是探索微观粒子运动规律的初步理论，量子力学的前驱。普朗克于在1900年最先提出量子概念，开创了量子论。爱因斯坦在这一概念的基础上，于1905年提出光量子假说，解释了光电效应，量子论得到进一步发展。到了1913年，玻尔成功地用量子概念解决氢原子结构问题，完成了量子论的创生过程。

元素周期律

元素周期律是1869年前后俄国化学家门捷列夫等发现的重要自然定律。这个定律指出元素的性质随元素原子序数的增加而呈现周期性的变化。把所有元素按照原子序数增加的次序周期性排列而成的表就是元素周期表。门捷列夫通过元素周期律预言了一些当时还没有发现的元素，同时元素周期律也为人们系统研究元素及其化合性质提供了方向，推动了现代有关物质结构理论的发展。

不确定性原理

不确定性原理是海森伯在1927年发现的物理学原理，它认为一个微观粒子的某些成对物理量不能在同一时间内测得确定的数值，某一个量的确定程度越大，另一个量的确定程度越小。也就是说，一个量测得越准确，另一个量的误差就越大。粒子的位置和动量、时间和动量都是这种物理量。

布朗运动

布朗运动是英国植物学家布朗在1827年发现的，因此用他的名字命名。布朗运动指的是悬浮在液体或气体中的微粒所做的永不停止的无规则运动。温度越高，布朗运动越剧烈。1905年，爱因斯坦首先用统计物理学的方法定量解释了布朗运动。

熵定律

熵定律也是热力学第二定律的定量表述。在自然过程中，一个孤立系统中的熵不会减小。这个定律是大量分子无规则运动所具有的统计规律，因此只适用于大量分子构成的系统，不适用于单个分子或少量分子构成的系统。

目录

CONTENTS

 探索原子之旅

揭开基因之谜

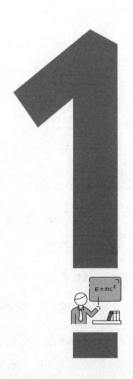

逐级下降的阶梯

CHAPTER 1

古希腊人的思想

依靠我们自己眼睛的观察，或者凭借倍数最大的显微镜所显示的结果来看，我们能否假设这些均匀的物质无论放大多少倍都能保持不变呢？换句话说，能否相信一块铜、一粒盐、一滴水无论分成多么小的一部分，它们每个部分具有的性质都是相同的呢？它们能否一直分割下去，更小的部分是否也具有同样的性质？

>>> 物质的构成

在分析理解各种物体的性质时，人们总是倾向于先从大小刚好的、熟悉的物体入手，然后一步步深入探究其内部结构，这样来寻找人眼所看不到的物质性质的本源。现在，我们就来分析一下蛤蜊烩菜这道菜。选择它进行分析，并不是因为它味道鲜美、营养丰富，而是由于它是一个非常好的混合物的例子。

我们看上一眼就知道它是由多种不同物质混杂在一起组成的：蛤蜊拉片、洋葱、番茄、芹菜、土豆、胡椒、肥肉末、盐和水，这些全部都被拌在了一起。

但其实我们能在日常生活中见到的大部分物质，尤其是有机物，一般都是混合物。这一点通常需要借助显微镜或放大镜才能确认。比如，用低倍放大镜就能看到牛奶是乳浊液，小滴奶油悬浮在均匀的白色液体中。

在显微镜下同样可以看到，土壤也是一种构成繁多的复杂混合物，其中含有石灰石、黏土、石英、铁氧化物、其他矿物质和盐类，以及各种动植物体分解而成的有机物质等，如果把一块花岗岩表面打磨光滑，放到显微镜下可以看到，这块石头是由三种不同物质（石英、长石和云母）的小晶体紧密地结合在一起形成的。

如果把对物质的细微结构进行研究看成逐级下降的阶梯的话，那么混合物只是第一阶梯，或者还只是处在楼梯口的位置。接下来我们可以对组成混合物的每一种纯净物的成分进行分析。

至于真正的纯净物质，如一根铜线、一杯水或一间屋子的空气（不算悬浮的灰尘），用显微镜观察会看到其中的组成成分都是相同的，没有不同的迹象。

事实也是如此，铜线等所有真正的固体（玻璃之类的非结晶体除外）在高倍显微镜的放大下都是所谓的微晶结构。

在纯净物中，我们看到的所有物质都是同一种类型的晶体——铜线中都是铜晶体，铝锅是由铝晶体组成的，食盐里只有氯化钠晶体。如果我们使用一种特殊技术（慢结晶），可以把食盐、铜、铝或任意一种纯净物的体积无限放大，在用如此方法得到的"单晶"中，每一小块都和其他部分一样均匀，就像水或玻璃一样。

依靠我们自己眼睛的观察，或者凭借倍数最大的显微镜所显示的结果来看，我们能否假设这些均匀的物质无论放大多少倍都能保持不变呢？换句话说，能否相信一块铜、一粒盐、一滴水无论分成多么小的一部分，它们每个部分具有的性质都是相同的呢？它们能否一直分割下去，更小的部分是否也具有同样的性质？

>>> 德谟克里特的观点

德谟克里特（前460～前370）

古希腊唯物主义哲学家，原子唯物论学说的创始人之一。他认为原子是不可再分的物质微粒，上空是原子运动的场所。他著有《小宇宙秩序》《论自然》《论人生》等，但仅有残篇传世。

大约2300年前，生活在雅典的希腊哲学家**德谟克里特**第一次提出了这个问题，并尝试解答。他的答案是否定的。他的观点更倾向于任何一种不管看起来多么均匀的东西，总是由大量的（但他并不知道究竟多到什么程度）非常微小的（他也不清楚到底小到什么程度）粒子组成。这种粒子被他叫作"原子"，意思为"不可分割之物"。不同物质中原子的数目不同，但每种物质性质的不同只是表面现象的不同而非本质的不同。

举个例子：火的原子和水的原子是一样的，只是它们的表现不同而已。所有的物质都是由相同的、本质上没有区别的原子组成。

>>> 恩培多克勒的观点

但是与德谟克里特持完全相反观点的是同时代的**恩培多克勒**。他认为原子有若干种，不同原子按不同比例混合起来，就构成了不同种类的物质。

基于当时还处在初期阶段的化学知识，恩培多克勒提出了四种原子，四种原子分别对应当时普遍认为的最基本的四种物质：土、水、空气和火。

恩培多克勒（前495～约前435）

古希腊哲学家，在科学、哲学、宗教领域均有贡献，他提出了四根说，认为土、火、气、水是组成万物的四根。其中每一根都是永恒的，但它们可以以不同比例混合起来，这样便产生了世界上的正在变化的复杂物质。

他的观点是，紧密排列在一起的土原子和水原子组成了土壤，原子排列得越好，土质就越好。依靠土壤生长的植物将土原子、水原子与太阳光中的火原子结合，形成木头的分子。失去水分子后，木头就成了干柴。干柴燃烧后，木头分解成组成它的火原子和土原子，火原子从火焰中飘散出，燃烧剩下的灰烬即为土原子。

在科学发展的萌芽时期，这样解释植物的生长和木柴的燃烧似乎还显得挺合理的。很可惜这样的解释仍然是不正确的。

现在我们已经知道，植物生长所需要的元素来自空气，并不是像古人和一些没有接受过相关教育的现代人想的那样。土壤只为植物的生长提供一小部分盐类，其余的作用是作为支撑植物生长的地点以及为植物储存水分。只需要一小块土壤，就能种植一株大玉米。

后来人们证实了，空气也不是纯净物，是氮气和氧气等气体的混合物（而非古人所想的那样是一种简单的元素），空气还含有一定数量由氧原子和碳原子组成的二氧化碳气体分子。

在阳光的照射下，植物的绿叶吸收大气中的二氧化碳，二氧化碳与根系吸收的土壤中的水分，生成各种其他物质，也就是这些物质构成了植物本身。植物合成的物质中还有氧气，其中一部分氧气被植物释放到大气中，这就是为什么"在屋里养花草，空气会变得好"的原因。

当木头燃烧时，木头中所含的一些分子和空气中的氧原子结合，变成二氧化碳和水，随着燃烧的进行飘散到空气中。

曾被古人认为能够被植物吸收的"火原子"，实际上并不存在。阳光为植物提供了分解二氧化碳的能量，并且这一过程可以形成可供植物呼吸的气体养料。

其实火原子不存在。火焰是火原子的"逸散"，这一观点显然也是不正确的。火焰是一股炽热的气体物质，因为在燃烧过程中会释放大量的能量，所以发出肉眼可见的光芒。

>>> 炼金术士的失败

我们再举一个古代人和现代人对于化学变化过程的观点存在巨大差异的例子。众所周知，各种金属是由不同的矿石在高温的鼓风炉中冶炼出来的。每种矿石看上去往往和普通石头并没什么区别，所以之前的科学家们把矿石和其他普通的石头当作一样的物质，认为它们都是由同一种土原子组成的。

当把一块铁矿石放在烈火中时，它得到的东西与普通石头完全不同，铁矿石坚硬带有金属光泽，可以制造出上好的刀刃和矛头。古人给出的解释是，金属是由土原子与火原子结合而成的。运用我们当今的化学术语来说，土原子与火原子结合成金属分子。

如何将这个概念运用于所有的金属呢？他们是这样说的：每种不同的金属，如铁、铜、金，土原子和火原子在它们中的比例不同。闪闪发光的黄金比黑漆漆的铁含有更多的火原子，这是很明显的事情！

但是这是真的吗？如果是真的，往铁里直接加些火，或者在铜里加火，那它们不就能直接变成价值连城的黄金了？中世纪那些一心想发财的炼金术士当然也想到了这一点，于是他们不辞辛苦地努力将普通金属变成黄金。结果可想而知，一生蹉跎在了炼金炉旁边，结果什么也没得到。

但是在他们自己看来，他们正在从事的事情和现代化学家合成一种他们设计出来的合成橡胶一样。无论在理论方面还是在实践方面，他们所犯的错误在于，他们认为黄金和其他金属是成分相同的合成物质。但是，如果不亲自试一试的话，又怎能知道这种物质是合成物质还是基本的化学物质呢？所以，如果没有那些术士一次次的失败冶炼，我们也不可能知道金属是基本的化学物质，而金属的矿石是由金属原子和氧原子组成的化合物（如今这种化合物在我们的化学科学中叫作金属氧化物）。

铁矿石在鼓风炉的灼烧中变成了金属铁单质，这个结果不是古代炼金术士们所认为的：铁是两种不同原子（土原子和火原子）的结合。恰恰相反，这是两种不同原子分离，即从铁的氧化物分子中剥离氧原子的结果。

铁的表面在潮湿的空气中生锈，这个现象并非铁在空气中分解后失去火原子，只剩下了土原子，而是铁原子与水和空气中的氧原子反应生成铁的氧化物分子。炼金术士们是用下面的式子表示铁矿石的变化过程的：

$$土原子 + 火原子 \longrightarrow 铁分子$$
（矿石）

铁的生锈过程为：

$$铁分子 \longrightarrow 土原子 + 火原子$$
$$（锈）$$

铁的氧化物分子的反应过程为：

$$铁的氧化物分子 \longrightarrow 铁原子 + 氧原子$$
$$（铁矿石）$$
$$铁原子 + 氧原子 \longrightarrow 铁的氧化物分子$$
$$（锈）$$

从古人的叙述中我们可以清楚地看到，其实古时候的科学家们对物质的基本构成以及化学变化本质的理解，可以说大部分是正确的。他们只是弄混了哪些物质是混合物质，哪些物质是基本的化学物质。

而恩培多克勒列出的四种物质也并非基本的化学物质：空气是多种不同气体组成的混合物；水分子是氢原子和氧原子组成的化合物；土的成分更复杂，含有许许多多不同的成分；而火原子根本就不存在（在本章的后半部分你会发现，火原子的概念在光量子理论中又得到了部分恢复。）

> **目前的化学元素数量**
>
> 　　2016年6月，国际纯粹和应用化学联合会正式命名了第118号元素（Og 碅），截至2018年，这也是人类发现或合成的最新元素。

实际情况是这样的：**自然界中有92种不同的化学元素**，即有92种原子，而非仅有4种。其中如氧、碳、铁、硅（这些是大部分岩石的主要成分）等元素在地球上的数量较多，并为人们所熟悉；有一些元素则非常稀有，如镨、镝、镧等，可能这是你第一次听说它们。

除天然元素之外，现代科学家们还人工制成了一些自然界没有的全新化学元素，在本书后面的章节我们还要谈到它们。其中有一种叫作钚，它命中注定要在原子能的领域发挥举足轻重的作用（不管是出于战争还是和平的目的）。

92种基本原子以不同比例组合，组合成了多得数不清的复杂的化学物质，例如黄油和植物油，骨头和木头，食油和石油，草药和炸药等。有一些化合物的名字又长又拗口，很多人可能一生都不会碰到，但化学家们不能对它们置之不理，相反要了如指掌。时至今日，关于原子的各种组合情况，讲述化合物性质和制备方法的化学书籍，还在不断地问世。

原子有多大 2

对于一个在研究原子的物理学家来说，首先需要面对的问题就是：原子的真实大小是多少厘米？它的质量是多少克？在数量一定的物质中有多少个分子或原子？有没有观察、计数单个分子和原子，并能够对它们进行操控的办法？

>>> 原子的相对质量

在德谟克里特和恩培多克勒谈起对原子的认知时，多多少少有一些感觉，如果从哲学的角度看去，物质不可能被无限次分割。分割到一定程度后，一定会达到某个基本单元而无法继续分割的情况。

现代化学家对原子的概念则要明确很多。因为理解化学基本定律的前提是必须了解复杂的分子组合和其基本原子的性质。

根据化学的基本定律，不同元素只能按照严格的质量比例结合，这个比例很显然反映了不同元素原子间的质量关系。所以化学家们据此得出结论，即氧原子、铝原子和铁原子的质量分别为氢原子质量的16倍、27倍和56倍。

不过一个原子真正的质量是多少克？化学家们并不清楚。但是每种原子的相对原子质量（即原子质量）是化学科学中最基本的重量数据，有了相对原子质量，每个原子真正的质量是多少就不会影响到化学定律和化学方法以及应用，所以说真正的质量在化学中也就显得不那么重要了。

但是对于一个在研究原子的物理学家来说，首先需要面对的问题就是：

原子的真实大小是多少厘米？

它的质量是多少克？

在数量一定的物质中有多少个分子或原子？

有没有观察、计数单个分子和原子，并能够对它们进行操控的办法？

……

>>> 薄油膜实验

有很多种方法估算原子和分子的大小，其中最简单的一种方法操作非常简便，这个方法在德谟克里特和恩培多克勒那个年代就能够想到，因为此方法不用现代化的实验仪器照样能使用。我们找身边一种熟悉的物质，比如铜片，最小的组成单位是原子。

那么将铜片一直伸展，它一定不会比原子的直径还要薄。所以我们就可以一直把铜片拉长，直到它成为一根由单个原子组成的非常细长的长链，或者把它锻造得很薄，锻造成只有一层原子的极薄铜箔。可是根本不可能用这样的办法加工铜或者别的固体，因为它们会在实验还没结束的时候就断掉。然而，液体可以做到，比如在水面上铺一层薄油膜，让油膜伸展成一张单原子的薄膜是很容易的。

在这种薄膜实验中，分子与分子之间只在水平方向相连，竖直方向不能重叠。你如果有足够的耐心和谨慎的操作，自己也能够做这个实验，通过测量得出一组简单的数据，就能计算出油分子的大小。

选择一个浅而长的容器（图1），将它放在完全水平的平面上。向容器里面加水直到液面到达容器壁的上缘，将一根金属线横放在容器上，水面与之接触。若在金属线的任意一侧加入一小滴油，油就会铺满金属线那一侧的整个水面。

现在沿容器的边缘向另一侧小心移动金属线，在移动过程中油层会变得越来越薄，直到它的厚度等于单个油分子直径的厚度。之

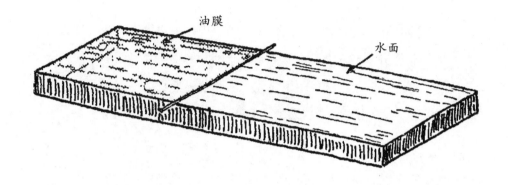

图 1　当水面上的薄油膜达到某一临界点时就会裂开

后如果继续移动金属线，这层完整的油膜就会破裂，水面马上会露出来。已知滴入的油量，再通过实验得到油膜在即将破裂时的最大面积，单个油分子的直径也就算出来了。

　　做这个实验时，你会发现另外一个有趣的现象。当把油滴在水面上时，你首先会看到油面上有虹彩。这些颜色你不会陌生，尤其是你常常能在港口附近的水面上看见它。

　　油面上的虹彩是光线在油层的上下两层上的反射光互相干涉导致的。我们看到不同的颜色是由于油层在扩散过程中厚度并不一致，所以干涉的结果也就不一样。要是再耐心等一会儿，油层扩散均匀之后，整个表面看上去就只有一种颜色了。

　　油层由厚变薄，颜色也一直在发生变化：由红变黄，由黄到绿，由绿转蓝，再由蓝至紫，即对应的光波波长逐渐变短。油层上的颜色完全消失，并不是说油层不在了，而是油层的厚度比可见光中最短的波长还要短，所以它所显现的颜色在可见光的波长范围之外了。

即使这样我们还是可以轻易地将油面和水面分开，由于从这层薄薄的油层的上下表面反射的光互相干涉，人眼看到的光强度相对而言是减小的。所以说即使只有一种颜色，我们还是可以区分油面和水面：油层的颜色看起来比水暗淡。

当你实际进行这项实验就会发现，1立方毫米的油可以覆盖大约1平方米的水面。如果再进一步把油膜拉开一点儿，水面就露出来了。

油膜在破裂前的厚度是多少呢？

假设有一个边长1毫米的立方体，里面装满1立方毫米的油，那么油面有1平方毫米。为了把1立方毫米的油摊开在1平方米这么大的面积上，原来1平方毫米的油面必须扩大100万倍（从1平方毫米到1平方米）。因此，原立方体的高度也须减少100万倍来保持它的体积不变。这样到了油膜厚度的极限，就求出了油分子的真实大小。这个结果是：

$$0.1 厘米 \times (10^{-6}) = 10^{-7} 厘米 = 1 纳米$$

由于一个油分子中包含有若干个原子，所以原子更小。

3

分子束

我们把从炉内小口溢出的低密度物质流叫作"分子束"，分子束是由大量紧挨在一起做前进运动的独立原子组成的。分子束是研究单个分子的性质很好的方法，它可用来测量分子热运动的速率。

>>> 证明物质存在分子结构的实验

我们还有一个有趣的办法可以演示物质存在的分子结构。这个方法是研究气体或蒸气通过小孔向四周真空环境中喷射，然后通过观察喷射状况实现的。

首先，准备一个陶制小圆筒，一端钻有一个小洞，在圆筒外侧绕上电阻丝，这样陶制小圆筒变成了一个小电炉。然后，我们把小电炉放进一个近乎真空的大玻璃球里。在小圆筒里放入一些低熔点金属，如钠或钾，让金属变成蒸气充满小圆筒。这些蒸气由于内外压力差会从小洞喷出来。

蒸气一旦碰到温度较低的玻璃，就会附着在上面。这样，我们可以通过观察像镜子一般的金属薄膜附着在玻璃壁上的情况，判断金属蒸气从电炉里跑出来后的运动轨迹和状况。

经过进一步研究我们还会发现，随着炉温的改变，玻璃上的金属薄膜呈现的形状也有所改变。

当炉温很高时，容器内部的金属蒸气密度变大，玻璃球内发生的金属蒸气就像日常生活中的水蒸气从蒸汽机或茶壶里逸散出的现象一样，从小洞里散发的金属蒸气向各个方向扩散（图2），继而充满了整个玻璃球，大致均匀地覆盖在整个玻璃球内壁上。

但在小圆筒温度较低时，炉内的蒸汽密度也较低，这时金属蒸气溢散的现象就完全不同了。

从小洞里溢出的蒸气不是向四面八方扩散的，而是其中绝大部分都覆盖在正对着电炉开口的那一小块玻璃壁上。由此我们可以看出粒子是沿着直线做运动的。

如果在开口前方放一小块物体（图2），这一现象就更加明显了：正对物体后面的玻璃壁上没有蒸气覆盖，而那一块未覆盖的轮廓会和所放小物体的形状一模一样。

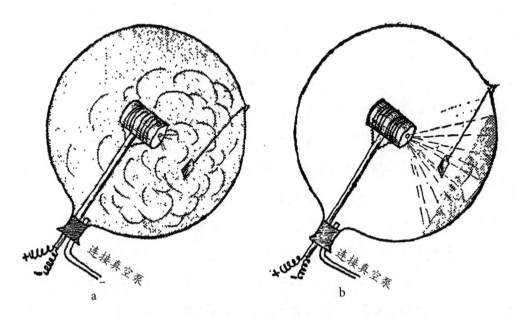

图 2　证明物质存在分子结构的实验

　　从上面的实验我们可以得知，金属蒸气是大量的独立原子，在空间各个方向上相互碰撞，那么蒸气密度不同，我们看到的现象也就不同，这很好理解。当蒸气密度大时，从小口喷出的蒸气就像从火灾现场逃命的人群那般疯狂，即使他们逃了出来，由于惊慌失措，还是会互相冲撞；而在另一种情形里面，密度小时的气流就像平时人们从门里有秩序地走出来的情况，因此能够走平稳的直线，人与人也不会发生碰撞。

　　我们把从炉内小口溢出的低密度物质流叫作"分子束"，分子束是由大量紧挨在一起做前进运动的独立原子组成的。分子束是研究单个分子的性质很好的方法，它可用来测量分子热运动的速率。

>>> 斯特恩研究分子束速度的装置

美国物理学家斯特恩最先发明了研究分子束速度的装置，这种装置的构造简直和斐佐测定光速的仪器一模一样。其中包括同轴的两个齿轮，齿轮只有在某些速度旋转时，分子束才能通过（图3）。

斯特恩设计了一片隔板用来接收一束很细的分子束，我们通过测量结果知道分子运动的速度一般都非常快（钠原子在200℃时运动速度为每秒1.5千米），并且随气体温度的升高运动速度会增大，这点直接证明了分子热动说。按照这个理论，物体产生热量的实质就是物体分子无规则运动的加快。

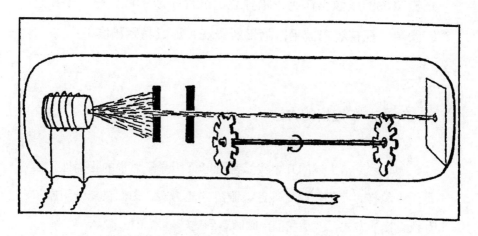

图3 斯特恩研究分子束速度的装置

给原子摄影

布拉格提出了一个解决这一问题的绝妙方法。这个方法依靠的是阿贝提出的有关显微镜的数学理论。阿贝说，我们可以把显微镜的成像当作若干幅独立的照片拼成的像，每一个独立的图像，在视场内被平行暗带所表现，形成特定角度。

>>> 布拉格的方法

显而易见，上述的几个实验都可以证明原子假说的正确性。但是无论怎样，我们还是觉得应该眼见才能为实。因此最能证明原子存在直接的方式，就是我们用眼睛看到这一基本单位。

此前，英国物理学家**布拉格**发明的晶体内分子及原子摄影的方法就让我们见到了原子。

给原子拍照实际上没有那么容易。当你给这么小的物体照相时，照明的光线非常严格，如果光线的波长比被拍摄物体的尺寸还长，照片拍出来便是模糊一片。

威廉·亨利·布拉格
（1862～1942）

英国物理学家，现代固体物理学的奠基人。他由于在使用X射线衍射研究晶体原子和分子结构方面所做出的开创性贡献，与儿子W.L.布拉格分享了1915年诺贝尔物理学奖。

打个比方说，你肯定不能用刷墙的排笔来画精细的工笔画吧！生物学家都很明白这种困难，因为他们长期和微小的生物与组织打交道。细菌的大小（大约0.0001厘米）和可见光的波长是在同一个数量级的。

要想呈现出细菌的清晰影像，就得用紫外线给细菌拍照，这样照片的效果才比较好。但是分子的尺寸还是太小了（0.00,000,001厘米），无论是可见光还是紫外线，我们都没有办法把它们当成"画笔"来用。

为了看到单个原子，只能用波长比可见光短几千倍的射线，X光符合这一条件。但是用X光的话，我们又遇到一个新的难以克服的困难，因为X光可以穿透物体不发生折射，因此任何镜面无论是放大镜还是显微镜，都不能使X光聚焦。这种因素再加上X光的强大穿透力，在医学上还是有很大用处的：假设射线穿透人体的时候还会发生折射，那么就会使X光片上的人体构造模糊不清。但也因为相同的性质，似乎又让拍摄任何一张可放大的X光照片变得不可能！

>>> 阿贝的理论

如此看来，好像没有什么解决方案了。但是布拉格提出了一个解决这一问题的绝妙方法。这个方法依靠的是阿贝提出的有关显微镜的数学理论。阿贝说，我们可以把显微镜的成像当作若干幅独立的照片拼成的像，每一个独立的图像，在视场内被平行暗带所表现，形成特定角度。

图4为此做了解释，它表现的是一个明亮的椭圆位于黑暗中央，由四个独立的暗带图像叠加而成。

阿贝的理论可以让我们把显微镜的聚焦过程分成三步：

①把原图像分解成众多单独的暗带；
②把每一个图样都放大；
③把放大的图样叠加在一起，从而得到放大的图像。

使用多个色版印制彩色图片的过程也是如此。如果我们只是单独地看每一块单色版，根本看不出每一块色版上印着什么，但是将它们拼起来以后，清晰的图案就会呈现在我们眼前。

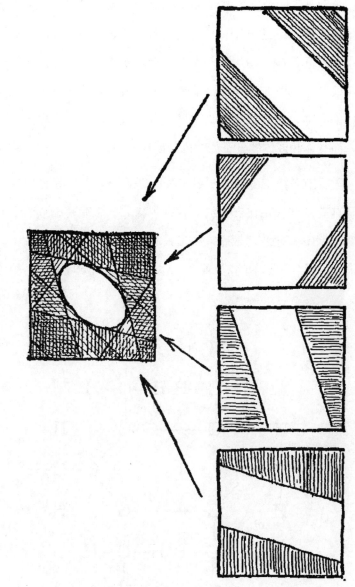

图 4 阿贝理论的示意图

可是X光透镜不能自动完成这三个步骤，只好将这三步拆开进行：分别从不同角度拍摄晶体的X光暗带，然后把所有照片叠放在同一张感光片上。这一系列步骤就好像有了X光的透镜，区别是透镜能在一瞬间完成这些步骤，而现在却需要让一位技术娴熟的实验人员用好几个小时方能完成。就是这个原因，布拉格的方法只能拍摄固体的晶体，而对液体和气体就没有办法了。因为固体分子不会乱动，而气体和液体的分子每时每刻都在移动。

虽然用布拉格的方法不能一瞬间得到照片，但是合成的照片也同样精美。就像拍摄宏伟的大教堂那样，一张底片上放不下完整的图像，但没人在意几张底片拼出大教堂。在下文中的照片 I 即为用此方法拍摄六甲基苯的X光照片。化学家是这样表示它的：

六甲基苯是由6个碳原子构成的碳环，与之连接的另外6个碳原子都在照片上清晰地展现出来了，而氢原子太过微小，成像不明显。

在这些照片展现在眼前的时候，那些曾经怀疑的人也该认识到分子和原子是真实存在的了吧！

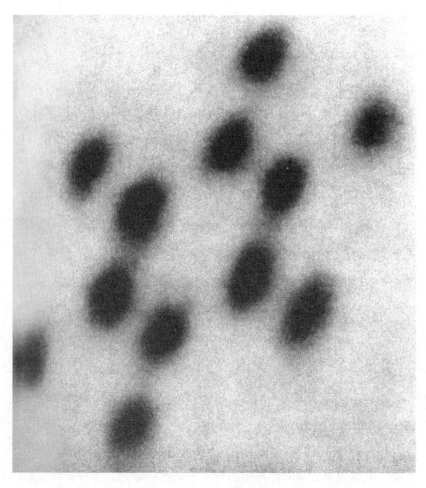

照片 I　六甲基苯分子放大 175,000,000 倍后的样子

（照片来源：M.L.哈金斯博士，伊士曼柯达实验室）

5

劈开这原子

总结一下以上有关原子内部结构的理论：绕原子核运转的电子数目的不同决定了不同化学元素的原子间差异。由于原子的整体是中性的，所以绕核的电子数其实还是由原子核本身的正电荷数决定的。我们可以根据散射实验中 α 粒子在原子核的电作用力影响下路径偏转的程度直接计算出这个数字。

>>> 原子是不可分的

德谟克里特给原子起了这个名字，在希腊文中有"不可再分者"的意思。他的意思就是这些微粒是对物质进行不断分割的最终界限，或者说原子是物体最小、最简单的组成部分。

几千年发展之后，"原子"这个曾经的哲学概念现在已经有了精确的科学内涵，并且经历大量的实验证据的补充完善后，已经是一个非常详尽的概念了。此时此刻，"原子是不可分的"这一概念始终存续着。

人们曾经以为，之所以不同元素具有不同的性质，是由于不同原子有不同的几何形状。如氢原子是球形的；钠原子和钾原子是椭球形的；氧原子可能形似面包圈，它的中间凹陷下去，只不过不像面包圈那样是通的。

氧原子中间凹陷的两边各有一个氢原子，形成了一个水分子（H_2O）。原子钠、钾能置换出水分子中的氧原子，是因为这两个椭球形的原子比氢原子更易进入氧原子的凹陷部位（图5）。

在这种观点中，不同形状的原子振动频率不同，所以不同元素的光谱不同。

在此基础上，物理学家试着通过实验测定各元素的光谱频率，以此来确定各种原子的形状。这有点像我们用声学解释小提琴、萨克斯和乐钟的音色不同。

但是实验没有成功。人们真正认识原子是在人们意识到，原来原子不是一个简单的几何形状物体，相反地，它是多个运动的个体组成的复杂结构。

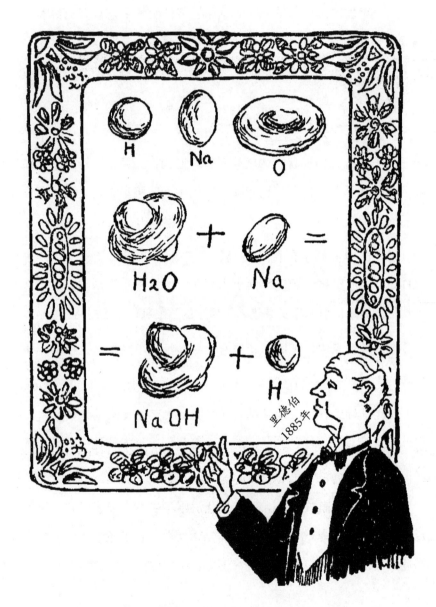

图 5　原子钠、钾能置换出水分子中的氧原子，是因为这
两个椭球形的原子比氢原子更易进入氧原子的凹陷部位

>>> 汤姆孙发现电子

著名英国物理学家**汤姆孙**在原子的微小身体上切开了精准的第一刀。他为我们展示了各种元素的原子都有带有正电和带有负电的部分，电荷的吸引力将它们结合在一起。汤姆孙设想，原子的内部正电荷和负电荷均匀分布（图6）。

带负电微粒（汤姆孙称其为电子）所带的电荷总数与正电体的电荷数相等，符号相反，因此原子在总体上呈现电中性。而且他还假设，原子对电子的束缚比较疏松，所以电子可能会离开原子，剩下的带正电的部分，称为正离子；相同的道理，有的原子会从外部获得几个额外的电子，因此原子有了多余的负电荷，称为负离子。

原子得到或者失去电子的过程叫作电离。根据**法拉第**的论证，原子所带的电荷必定是 5.77×10^{-10} 个静电单位的整数倍。汤姆孙的论点正是建立在法拉第的理论之上，并在他的基础之

约瑟夫·约翰·汤姆孙
（1856～1940）

英国物理学家，电子的发现者。1897 年汤姆孙在研究稀薄气体放电实验中发现了电子，并测定了电子的荷质比，因而使整个物理界震惊，人们称他为"一位最先打开通向基本粒子物理学大门的伟人"。

法拉第（1791～1867）

英国物理学家、化学家。1831 年，他首次发现电磁感应现象，进而得到产生交流电的方法。同年，他发明了圆盘发电机，是人类创造的第一台发电机。

图6　原子的内部正电荷和负电荷均匀分布

上，又向前迈进一步。他发明了从原子中获取电子的方法，并研究了高速运动的自由电子束，进而证明了这些电子是一个个分立的粒子。

通过对自由电子束进行研究，汤姆孙取得了一系列非常巨大的成果，其中之一就是测出了电子的质量。他让一个强电场从某种物质（如热的电炉丝）中吸引出一束电子，让它在一个充电电容器的两块极板间通过（图7）。由于电子带着负电（事实上，电子本身即为负电体），电子束就会被吸引到正极板，同时会被负极板排斥，所以不会走直线，而是偏离原来的路径。

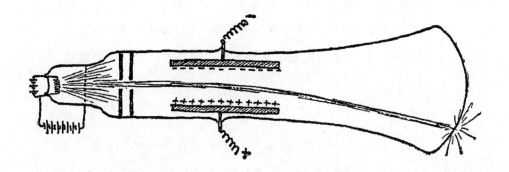

图 7 汤姆孙测量电子质量的装置

图7中，电容器后面放了一个荧光屏，电子束打在上面，明显能看到电子束是有偏移的。通过电子的电量、偏离距离和电场强度，计算出电子的质量。通过计算，汤姆孙发现它的质量确实非常小，只有氢原子质量的 $\frac{1}{1840}$。因此证明出，原子的绝大部分质量都集中

卢瑟福（1871～1937）

英国物理学家，被称为原子核物理学之父。他的研究发现打破了元素不会变化的传统观念，使人们对物质结构的研究进入原子内部这一新的层次，为开辟一个新的科学领域——原子物理学，做了开创性工作。

在原子带正电的部分。

但是这与其之前的推断相悖，原子内确实存在着运动的负电子，但是他也认为原子是均匀分布着正电的物体。

卢瑟福在1911年证明了原子中心的一个极小的原子核内集中了它的正电荷和大部分质量。这来自他那个著名的实验：

α粒子在穿过金箔时会发生散射。α粒子是一些不稳定元素（铀、镭之类）的原子在发生衰变时辐射出的微小的高速粒子。

实验证明，α粒子的质量与原子的质量差不多，且有正电。因此它一定是原来原子中正电部分的一些分碎片。当α粒子穿过某种物质靶的原子时，会同时受到原子中电子的引力和正电部分的斥力。

但是电子很轻，它们对入射α粒子的影响简直微乎其微。同时，入射的带正电的α粒子受到距离非常近的正电体凭借巨大质量提供的斥力，就会偏离原来的路径，向各个方向散射出去。

>>> 卢瑟福的结论

但出乎意料的是，卢瑟福在进行了一系列用 α 粒子轰击金箔的试验后，得到了令人惊讶的结论：

必须要假设入射的 α 粒子与原子中的正电部分的距离小于原子直径的 $\dfrac{1}{1000}$，因为只有这样才能合理地解释实验中观察到的现象。同时，这种假设的成立还需要其他条件：入射的 α 粒子和原子的正电部分都加起来也比原子的体积小上千倍。

汤姆孙的原子模型被卢瑟福的发现推翻了，他的一大块正电体变成了位于原子正中间的小小原子核，电子则还留在外面。那么把原子比成西瓜，电子比成西瓜子就不合适了。

取而代之的看法是，原子像一个微缩的太阳系，其中原子核是太阳，电子则是行星（图8）。

这种比喻的相似性还在这个事实的加成下进一步加强了：原子核占整个原子质量的99.97%，太阳占整个太阳系质量的99.87%。电子间的距离与电子直径之比也与行星间距离与行星直径之比接近（达数千倍）。

不过最为相似的地方其实是，无论是原子核与电子间的电吸引力还是太阳与行星间的万有引力，都遵循平方反比定律（即力的大小和作用力物体距离的平方成反比）。

图 8　卢瑟福认为原子像一个微缩的太阳系，
其中原子核是太阳，电子则是行星

在这种类型的力的作用下，电子绕原子核运动时遵循的圆形或椭圆形的轨道就很像太阳系中各行星和彗星的情形了。

总结一下以上有关原子内部结构的理论，绕原子核运转的电子数目的不同决定了不同化学元素的原子间差异。由于原子的整体是中性的，所以绕核的电子数其实还是由原子核本身的正电荷数决定的。

我们可以根据散射实验中 α 粒子在原子核的电作用力影响下路径偏转的程度直接计算出这个数字。

卢瑟福发现：

在化学元素按原子的重量依次递增而排成的序列里，每种元素的原子都比前一元素增加一个电子。

氢原子有1个电子，氦原子有2个，锂原子有3个，铍原子有4个……最重的天然元素——铀的原子有92个。

我们一般将这些代表不同原子特征的数字叫作对应元素的原子序数，这个数字就是与之对应的元素在按化学性质分类的表中所占位置的序号。

所以我们能非常简便地用绕核旋转的电子数，表示任何一种元素的所有物理性质和化学性质。

>>> 门捷列夫与元素周期性

19世纪末，俄国化学家**门捷列夫**发现：在天然的元素排列的顺序中，有特定间隔的化学元素，它们的性质类似。也就是说，这种类似的性质说明原子的化学性质呈现出周期性，如图9。

所有的已知元素环绕圆柱排列在条带上，每一纵列的元素性质相似。第一组中只有两个元素：氢与氦；紧接着的下面两组都各有8个元素。此后每隔18种元素，元素化学性质就会发生重复。

如之前所说，这个序列按顺序每往前推进一个，原子就多一个电子，因此我们得出这个结论：化学的周期性必定与某种重复出现的、稳定的电子结构有关。我们把这种电子结构叫作"电子层"。第一个壳层有两个电子即饱和，第二、三层各有8个电子即饱和，接下来的电子层是18个。

从图9中我们还发现，前面的周期性在第六、七组中被两群元素（即所谓镧系和锕系）打断了。因为这些元素的电子层内部结构有些不同，元素的化学性质就不再那么有规律了，所以要在环结构外面额外添加两块。

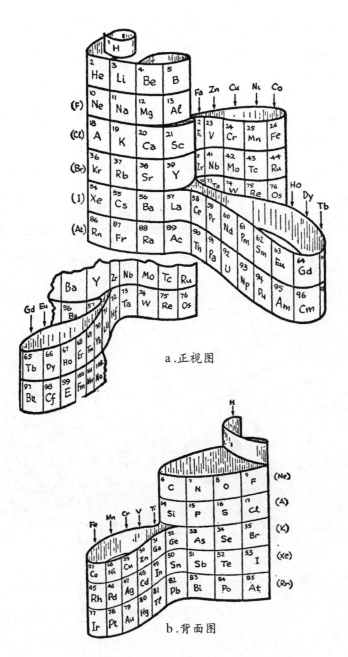

a.正视图

b.背面图

图9　门捷列夫发现的元素周期性

有了示意图，我们就能思考这个问题：原子是靠什么样的结合方式组成复杂的分子？为什么钠原子和氯原子能结合在一起，组成氯化钠分子？

图10显示了这两个原子的电子层结构。氯原子的第三层电子缺一个才能饱和，而钠原子电子的第二层在饱和后多出一个电子。一个多余一个电子，而另一个少一个电子，所以钠原子多余的电子会跑到氯原子那里。由于电子发生转移，钠原子失去一个带正电的电子，氯原子得到一个带负电的电子。因此这两个带电的原子（现在称为离子）之间出现了静电力引力，可以结合形成氯化钠分子。

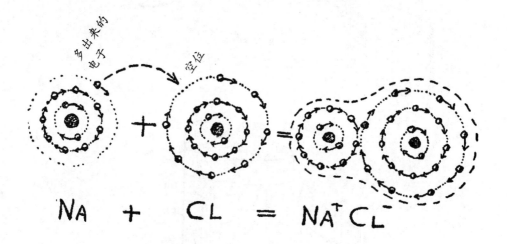

图 10　钠原子和氯原子相结合，组成氯化钠分子的示意图

同样的，氧原子的外层缺少两个电子，它可以绑来两个氢原子，将氢原子仅有的电子夺过来就形成一个水分子（H_2O）。但是比如氧、氯之间和氢、钠之间就没有结合的可能性，因为前面两位都是"掠夺者"，后两者都是"施予者"。

而那些外面的电子壳层都填满的原子，如氦、氖、氩、氪，都是很知足的。它们既不施舍电子，也不抢夺电子，在独立中找到自己的乐趣。因此，这些元素（即稀有气体）在化学层面中表现出一种"惰性"。

在本节结束之前，不得不提一下在"金属"那类物质中电子起到的重要作用。金属与其他物质有很大差异，金属原子对外层电子的束缚很疏松，因此它们可以自由活动。即金属内部充满了大量自由自在游荡的电子，如同一群在街上闲逛的人。当我们给一段金属丝两端加上电压时，这些自由电子就会顺着电压的作用方向运动，形成所谓的电流。

自由电子是否存在决定了物质的热传导性是否优良，这一点我们以后还会再做讨论。

6

微观力学和不确定性原理

对原子系统中运动的力学研究和新建立的量子力学，都为科学进一步发展奠定了新的基础。一个新发现使量子力学建立了起来，两个不同物体间存在着一个各种作用的下限。这个发现完全推翻了运动物体的轨迹这个经典定义。

>>> 神秘的电子运动

在上一节我们已经搞清楚了原子内部电子绕核转动的模式，这个系统非常像太阳系。人们自然而然就要联想，已经明确建立起来的、成功解释了行星绕太阳运动的天文学定律是否同样适用于原子内部的运动。而它们的基础——静电引力与重力的定律又是那么相似，引力都与距离的平方成反比。这就让人更加确信，原子内的电子会以原子核为一个焦点沿椭圆形轨道运动（图11a）。

这样的努力即使在不久之前都还没有停止：参照行星系统的情形，建立能使原子内部的运动情况稳定下来的模型。但这些都给物理学徒增难以预计的大麻烦。甚至有一段时间大家都觉得，不是物理学家太糊涂，就是物理学本身有问题。

矛盾的根本在于，原子内的电子是带电的，与太阳系中的行星完全不同；带电体绕核做圆周或者椭圆轨道运动时，会像任何带电体振动或转动时那样，产生强烈的电磁辐射。它们自身的能量会在此过程中因为辐射出一部分而减少。

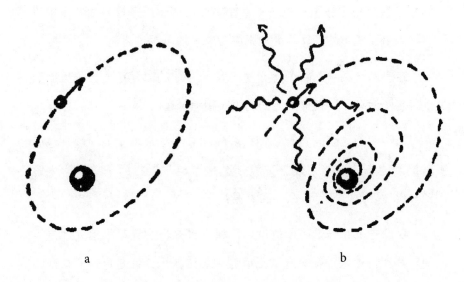

a   b

图 11　神秘的电子运动

经典物理学此时就会告诉我们，原子中的电子将沿着螺旋轨道运动，越来越接近原子核（图11b），并在转动的动能耗尽后坠落在原子核上面。

根据已知的电子电量和电子旋转的频率，计算出电子失去全部能量，坠落在原子核上的整个过程所耗费的时间并不麻烦：整个坠落过程不会超过1%微秒。

但在不久以前，物理学家们凭借他们最前沿的知识，还是坚定地告诉大家：行星式原子结构的存续时间比一秒钟还要短，看起来这种说法注定要在刚刚形成后马上瓦解。

但事实是，不管物理学做出了多么让人郁闷的预言，实验却表明原子系统稳定极了。电子一直在愉悦地绕着原子核转动，压根没有耗散自己能量的打算，更别说撞击原子核自毁了。

这是怎么回事呢？为什么过去毫无差池的力学定律，一旦用在计算电子运动上，就与观测到的事实相差甚远呢？

为了解答这个问题，我们只好先回到科学最基本的问题，也就是科学的本质这种议题。究竟什么是"科学"？所谓"科学地解释"自然现象，又是怎么一回事呢？

我们先来看一个简单的例子。大家都知道古人都相信大地是平的。其实，我们现在也很难指摘这种想法。无论你是身处一片开阔的平原，还是在乘船渡河，这都是你亲眼看到的事实，可能除了有几座山外，大地的表面看上去确实是平的。

古人觉得"不论在哪个地方观察，大地都是平的"，这句话并没有错，但是，如果把这句话推广到可观测范围之外，那就有很大问题了。

一旦观察所涉及的范围大大超过了日常习惯中的边界，比如在研究月食时地球落在月亮上的影子，或者在麦哲伦的著名环球航行中，这些实证就说明在可观测范围之外直接推广这一结论是错误的。

我们之所以觉得地球是平的，是因为我们用眼睛看到的只有大地——这个球体表面很小的范围。同样，宇宙空间可能是弯曲而有限的。但是我们的观察范围依旧有限，它看起来还是平坦无垠的。

那么，上面的事情和原子中电子运动与力学间的矛盾有什么关系吗？其实有关系。在进行这项研究时，潜意识里我们已经默认原子层面的力学、天体运动力学，还有日常生活中我们所熟悉的"不大不小"的物体的运动力学都遵循相同的规律，因此可以用相同的科学语言描述它们。

可事实呢？我们熟知的力学概念和定律是建立在日常经验以及对与人体尺寸接近的物体进行研究的基础上。后来这一套定律又推广到了更大的物体（如行星和恒星）的运动，而这一应用能够极为精确地推算出几百万年前和几百万年后的各种天文现象，所以成了天体力学。这样说来，这一步推广无疑是正确的。

>>> 量子力学的出现

但是谁敢拍着胸脯说这种能用来解释巨大天体和一般大小的物体（炮弹、钟摆、玩具陀螺等）运动的定律，同样适用于比最小的人造机械都小许多亿倍、轻许多亿倍的电子的运动呢？

当然，我们无法否定一般的力学定律肯定不能解释原子的微小组成运动规律，可是如果事实的确如此，也不要觉得很惊讶。

如果我们非得以天文学家用来解释太阳系行星运动的定律来理解电子的运动，总会得到一些莫名其妙的结论。那么我们就要考虑如果必须将经典力学应用在这样微小的粒子上，是不是应该首先对其中的基本概念和定律做必要改变。

经典力学中有两个最基本的概念，分别是运动质点的轨迹以及质点沿轨迹运动的速度。人们自然而然地认为，任何正在运动的物质粒子不论何时都处在空间中某个确定位置，将这个粒子各个时刻的位置构成一条连续线，就是轨迹。

我们一直觉得这种描述理所当然，并且是描绘一切运动物体用到的最基本概念。用某个物体在两个时刻所处位置间的距离，除以发生这段位移用的时间间隔，这就得到了速度的定义。以位置和速度的概念为基础，古典力学的体系开始完善。哪怕是不久之前，还不曾有哪位科学家想到这些描述运动的基本概念竟然会出问题，哲学家们也一直将其视作先验的概念。

然而，在用经典力学体系描述渺小的原子系统时，情况却大大出乎人们的意料。人们发现这里发生了错误，而且越来越肯定，是整个经典力学的基础出现了问题，这是个从源头就发生错误的事情。当我们将运动物体的连续轨迹和任意时刻的准确速度这两个运动学概念放在原子内考察时，它们就显得含混不清了。

或者说，要想把我们所熟悉的经典力学观念推广到微观世界中去，只有一条路可以走：对它进行大刀阔斧的改动。反过来思考，如果经典力学的原有概念不适用于微观世界，那么它们肯定也不能完全符合物体实际运动情况。因此我们得出结论：经典力学的原则应看作对"真实情况"的近似，一旦将其应用于原先适用范围之外的体系，这种近似成立就要失效了。

对原子系统中运动的力学研究和新建立的量子力学，都为科学进一步发展奠定了新的基础。一个新发现使量子力学建立了起来，两个不同物体间存在着一个各种作用的下限。这个发现完全推翻了运动物体的轨迹这个经典定义。我们在说运动物体具有符合精确表达式的轨迹时，意思就是通过某种专门物理仪器记录下运动轨迹是可行的。

可事实上呢，在记录任何运动物体的轨迹的同时，不可避免，都会受到其原来运动的干扰。牛顿的作用力与反作用力大小相等的定律就是在说这样一个事情。运动物体对连续记录其空间位置变化的仪器有作用时，才会被记录，这套仪器就会对运动物体发生作用。

如果我们能使两个物体（在这里指运动物体和记录它位置的仪器）之间的相互作用降低到任意小（经典物理学认为这是可能

的），就能做出理想的仪器：它对运动物体的连续运动有很强的敏感性，还不会对物体运动产生实际影响。

>>> 运动粒子的不确定性

但是物体的作用是存在一个下限的，没有办法将记录仪器对运动物体的影响缩减到任意小，我们讨论的问题也在本质上发生了改变。因此，哪怕只是观察物体运动，也会对物体运动造成不可避免的影响，与运动本身产生了无法断开的联系。我们就再也不能用一条无限细的、理想的数学曲线表示轨迹，取而代之的只能是具有一定宽度的带子。在新力学的观点中，经典物理学中的细线轨迹应被替代成一条模糊的带状区域。

物体相互作用的这个下限是一个非常非常小的数值，我们通常称之为量子。它仅仅在研究很小的物体时才不至被忽视。所以说一颗手枪子弹的轨迹的确不是数学中那样清晰的曲线，可它的轨迹"宽度"却比构成它的一个原子的尺寸还要小不少。那就不如把它当作零好了。

不过那些比子弹小得多的物体在运动时，很容易受观察仪器的影响，轨迹"宽度"因而显得愈发重要。如果是一个绕核转动的电子，它的轨迹宽度大致相当于原子的直径。

因此，我们就不能用图11里的曲线来描述电子运动的轨迹了，而得改用图12的方式。

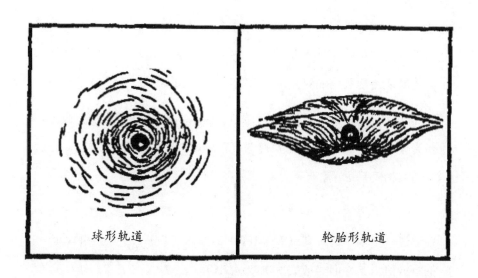

球形轨道　　　　　　　　轮胎形轨道

图 12　原子内电子运动的微观情形

　　类似情形中，我们熟悉的经典力学的语言已不能描述微粒的运动，因为它的位置和速度都具有一定程度的不确定性。

　　物理学上的这项新发现十分惊人，它把我们过去熟知的，不论是运动粒子的轨迹、精确的位置还是准确的速度，全部扔进了垃圾桶。物理学家们的人生也太过艰难了！

　　过去完全认可的基本法则现在无法适用于电子的运动了，我们能怎么办呢？到哪里去找可以代替经典力学中的数学公式，并且满足量子物理学中位置、速度、能量这些不确定性的物理量的关系方程呢？

　　我们可以试着先研究一个类似的经典光学问题。生活中我们观察到的大部分光学现象，都可以用"光沿直线传播"这一句话来概括，因此我们把光称作光线。光线的反射和折射的定理可以解答诸如不透明物体投下阴影的形状，平面镜和曲面镜所成的像，透镜和其他复杂光学系统的对焦这一系列现象（图13a、b、c）。

但我们也知道，这种几何光学方法采用的是光线这样的概念，当光学系统中光路的几何宽度与光的波长处在同一数量级时，它就与事实相差甚远了。

这时发生的现象叫作衍射，而几何光学对此无能为力。一束光在通过一个很小的开孔（直径在0.0001厘米左右）后，就不顺着原来的直线前进了，而是成扇状发散（图13d）。

在一个镜子的镜面上画出许多平行的细线，就做成了"衍射光栅"，如果有一束光射到上面，光同样不再遵从我们熟悉的反射定律，而是朝不同方向反射。具体方向与光栅的线条间距和入射光波长有关（图13e）。

之前我们还提到，当光从散布在水面上的油膜界面反射时，也会产生一系列特殊的明暗条纹（图13f）。

这几个例子里，"光线"这个概念已经完全不能解释实际现象了，我们的思维必须转换到光能在整个光学系统的空间中连续分布。通过比较可以发现，光线的概念在解释衍射现象时的失败极其类似于轨迹概念在量子物理学中无法成立。

正像光学中不存在无限细的光束一样，量子力学原理也不允许存在无限细的物体运动轨迹。在这两种情况中，想要用确定的数学

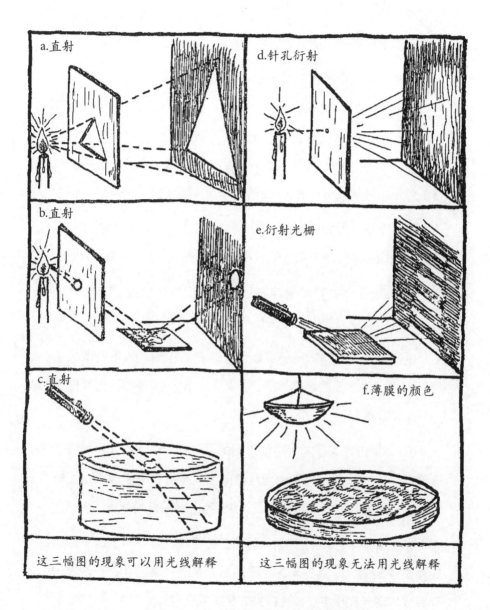

图 13　生活中的各种光学现象示意图

曲线表征物体（光或微粒）运动轨迹只能是白费工夫，应该将其理解成连续分布在一定空间中的可能性。

在光学中，可能性就是光在各点的振动强度；对于力学来说，这就是新引入的位置不确定性的概念，也就是说运动粒子在任何时刻出现在所有可能位置当中的任意位置都是可能的，而非经典力学中可预知的唯一点上。我们绝不可能准确说出运动粒子在某一时刻位于何处，只能根据不确定关系的公式计算运动的范围。

波动光学（研究光的衍射）的定律和波动力学定律有很好的相似性，我们可通过一个实验明确地表示出来。

图14a所画的是斯特恩用来研究原子衍射的装置。一束钠原子（用本章前面提到的方法产生）在一块晶体的表面发生反射。

晶格中规则排列的原子层起到了光栅的作用，入射的微粒束在这里发生衍射。微粒经晶体表面反射后，用一组在不同角度安放的小瓶分别收集起来，进行结果的统计。

图14b中虚线表示实验中收集到的原子相对数量。其中钠原子没有沿一个方向反射（这与用玩具枪向金属板射击后子弹画出的轨迹不同），而是在一定角度内有了很像X光衍射图样的分布。

实验结果不可能用经典力学观点来解释，那样单个原子的运动轨迹是确定的、笔直的。而是要用到全新的微观力学：把微粒的运动看成与现代光学中光波传播方式相同的学科。

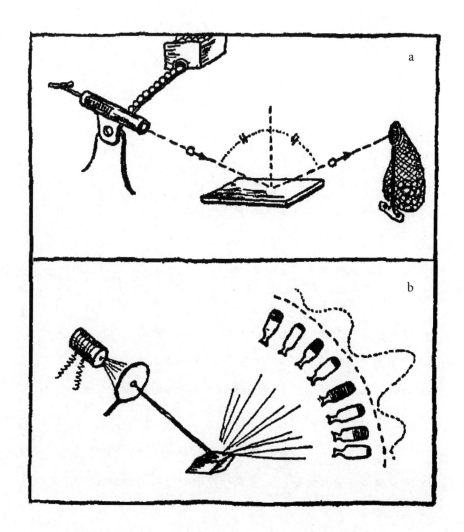

图 14 证明波动光学定律和波动力学定律具有相似性的实验

a.这种现象可用抛体说法解释（滚珠在平板上反弹）

b.这种现象不能用抛体说法解释（钠原子在晶体表面反射）

薛定谔的猫

　　近代物理学的发展中，由于量子力学这一完全颠覆人们传统观念的学科诞生，在有关它的争执、论战中也诞生了许多有趣的例子，薛定谔的猫就是一个。这个名称已经在一定程度上成了量子力学甚至现代物理学的一个代名词。

　　薛定谔的猫是薛定谔在其一篇文章中提出的思想实验。内容大致是：在一个盒子中放进一只猫，并将一瓶毒气与盒子内部相连。但在其连接处加上一个开关阀。开关阀正常是关闭的，由某种放射性物质触发。这种放射性物质有50%的概率放出中子，而另外一半不放出。

　　如果开关阀打开，则放出中子，猫就死掉了；如果没有放出中子，猫就还是活着的。那么在你没有打开箱子的时候，这只猫到底是活着还是死了？

　　按照经典物理学的判断，非此即彼，小猫不是活着就是死了，可能性一半对一半。但是，薛定谔的思想实验中将微观粒子的不确定性和宏观事物的不确定性进行了绑定，所以，虽然听起来非常不可思议，但在你打开箱子确认之前，小猫处在一个既活着又死了的叠加状态！只有在你打开箱子确认的那一刻，它才会随机从这两种状态中选择一个，呈现给你一个或是活着或是死了的状态。

这确实给人一种不可思议的感觉，毕竟，把光子穿过小缝时才有的不确定性表现在我们实际可以接触到的事物上，实在令人难以接受。不过，量子力学的公式告诉我们，这就是事实。如果你希望能够真正理解这种"现象"，那就要等到将来学会那些公式再说了。

现代炼金术

CHAPTER 2

1

基本粒子

这样，经过了漫长的一个世纪的时间，波路特在当时的大胆假设才得到了应得的承认。而我们现在则可以下结论，种类繁多的各种物质都只是两类基本物质进行不同方式的结合而已。这两类物质是：（1）核子，这是一种物质的基本粒子，它可以带正电，也可以不带电；（2）电子，它是一种自由电荷，带负电。

>>> 发现质子

在上一章中我们知道了相当复杂的力学系统组成了化学元素的原子，原子是一个中心核和许多电子绕核运动的组合。我们不禁好奇：这些原子核是不是构成物质最基本的单位呢？还是说它们可以继续被分割下去，变成更小、更简单的结构？这92种不同的原子能不能变为几种更加简明的粒子呢？

在19世纪中叶，英国有一位化学家名叫波路特，他为了能够进一步简化原子，提出了一个假设，认为不同元素的原子在本质上是一样的，它们都是由"集中"了不同数量的氢原子形成的。

他为此还找到了依据：通过化学方法对各种元素的原子质量进行测定，得到的数值几乎都是氢原子质量的整数倍。

因此，波路特猜想：既然氧原子的重量是氢原子的16倍，那么氧原子就是由16个氢原子聚集在一起组成的；碘原子的原子质量为127，那么它就是由127个氢原子组成的……

不过当时化学上新的发现并不能让这个假设成立。精确地测量原子质量的结果表明，大部分元素的原子质量只是和整数相接近，有一些还差得老远（例如氯就是35.5）。这些与其完全矛盾的事实直接就将波路特假说否定了。直到他去世，波路特也不知道自己的想法其实是有道理的。

直到1919年波路特的假说才被重新提了起来，这有赖于英国物理学家阿斯顿的一项发现，即普通的氯是由两种氯元素混合在一起的。两种氯具有相同的化学性质，只是具有不同的原子质量，一种氯元素的原子质量为35，另一种氯元素的原子质量为37。化学家所测定的氯的原子质量为35.5，是非整数的，其实是它们混合在一起后得到的平均值。

进一步研究各种化学元素得到的结果又向人们展现了另一个令

人震撼的事实：

> 大多数元素是由若干具有相同的化学性质、不同的重量的成分构成的混合物，它们被称为同位素。意思是这些元素在元素周期表中的位置是同一个。

接下来人们就发现，各种同位素的质量除以氢原子的质量，得到的结果是整数，这也让波路特的假说重新回到了人们的视野中。

我们在前面已经提到，原子核的质量占了原子整体质量的很大比重。因此，用现代语言表述波路特的假设就是：不同数量的氢原子核构成了种类不同的原子核。氢原子核在物质结构中起到了基石性的作用，因为获得了一个专门的名字——质子。

只是我们还需要对上面的叙述进行重大的修订。比如氧原子在元素中的排名为第8位，氧原子有8个电子，那么它的原子核就应该有8个正电荷。但是，氧原子比氢原子重了16倍。因此，假设8个质子组成氧原子核，那么，电荷数是对的，但质量就错了一倍；如果假设16个质子组成氧原子核，那质量是对了，但电荷数又是不对的了。

此时，我们就能看到，解决这一矛盾的唯一方法就是，假设在原子核的复杂结构当中存在一些质子，它们的正电荷丢失了，因而变成了电中性的粒子。

>>> 中子的出现

现在，我们将这些没有带电荷的粒子称为"中子"。早在1920年，卢瑟福就提出过它们应该是存在的，不过在此之后12年它才被实验证实。需要注意的是，不要把质子和中子看成两种毫无关系的粒子，它们实质上是不同带电状态下的同一种粒子，即"核子"。事实上，我们已经了解到质子可以通过失去正电荷变成中子，中子也能通过得到正电荷而变成质子。

将中子引入原子核中，刚才提到的困难就迎刃而解了。氧原子核的质量是16个单位，但只有8个电荷单位，那就假设是8个质子和8个中子组成了这个氧原子核（图15）。碘的重量为127个单位，它的原子序数是53，因此碘原子核是由53个质子和74个中子组成的。原子质量为238的重元素铀，其原子序数为92，那么它的原子核就是由92个质子和146个中子组成的。

这样，经过了漫长的一个世纪，波路特在当时的大胆假设才得到了应得的承认。而我们现在则可以下结论，种类繁多的各种物质都只是两类基本物质进行不同方式的结合而已。这两类物质是：

（1）核子，这是一种物质的基本粒子，它可以带正电，也可以不带电；

（2）电子，它是一种自由电荷，带负电。

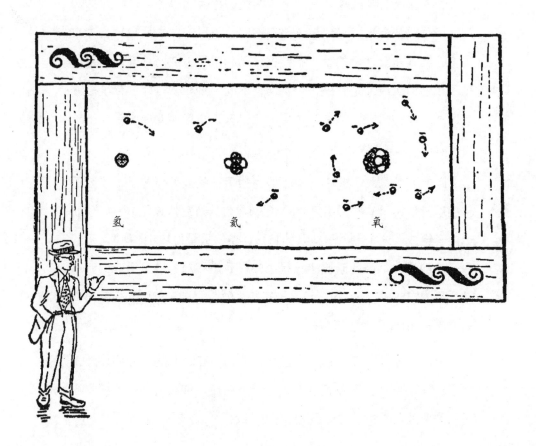

图 15　氢原子、氦原子、氧原子

>>> 宇宙厨房

下面有几张引自《万能造物大全》的配料单。我们可以从中一窥宇宙这间"大厨房"，是怎么用核子和电子烹调出每一道菜的。

水　原子核内部有8个不带电的核子和8个带电的核子作为核心，原子核外部有8个电子，它们一起组成了氧原子。这种方法可以制造大量的氧原子，然后用一个带电的核子和一个电子搭配在一起，就组成了氢原子，氢原子的数量是氧原子的两倍。按2∶1的比例混合氢原子和氧原子，组成水分子。把它们放在杯子里，让它们一直处于冷却的状态，水就做好了。

食盐　把12个不带电的核子和11个带电的核子作为中心，在其外部摆上11个电子，就组成了钠原子。用18个或20个不带电的核子加上17个带电的核子作为中心，在其外部摆上17个电子，就组成了氯原子。由于不带电的核子数不同而形成了两种同位素。用上述方法研制数量一样的钠原子和氯原子，按照国际象棋棋盘那样的方式在三维空间中堆放这两种原子。食盐的晶体也制备完成了。

TNT（三硝基甲苯）核中含有6个不带电核子和6个带电核子，核外有6个电子，这样就组成了碳原子。核中含有7个不带电核子和7个带电核子，核外有7个电子，这样就组成了氮原子。然后再按照配置水的方法制造出氧原子和氢原子备用。把6个碳原子相连，组成一个环形，再将第7个碳原子接在环外。选出3个碳原子，给每个碳原子接上一个氮原子，再给每个氮原子外连上一对氧原子。再将3个氢原子接在碳环外的第7个碳原子上；把两个氢原子分别连在碳环中剩下的两个碳原子上。这样就组成了一个分子，把这些分子进行规则排列，做成小粒晶体，再对晶粒进行压缩。不过操作时一定要小心，因为这种分子结构的状态并不稳定，非常容易爆炸。

>>> 电子对的产生

尽管我们已经发现，中子、质子和电子是我们想得到的所有物质所必需的材料，但是这份基本粒子列表似乎还少了些什么。实际上，如果有自由电子是带负电的，那么是不是也有自由电子是带正电的，也就是正电子呢？

同样，如果物质的基本组成要素——中子，在获得正电荷后会转化成质子，那么为什么它不能在获得负电荷后转化成负质子呢？

答案是正电子的确也是存在的，它的带电符号和普通的负电子数量的符号是相反的，除了这一点，其他方面都和负电子没有区别。**负质子也是有存在的可能性的**，不过，还没有实验证实这个问题。

负质子的存在

这一点已经在1955年被实验证实。1954年，在加利福尼亚大学的劳伦斯辐射实验室，建成了64亿电子伏的质子同步稳相加速器，这为寻找负质子提供了条件。1955年，张伯伦和塞格雷用上述加速器证实了前一年人们所观测的负质子的存在。

在我们这个世界中，正电子和负质子数量比负电子和正质子数量要少。因为这两类粒子是"敌对"的。我们知道，如果有一个正电荷和一个负电荷相遇，它们就会相互抵消。正电子和负电子其实就是正负两种电荷。它们不可能在空间中的相同位置共存。

实际上，如果正电子遇到负电子，它们的电荷就会马上互相抵消，两个电子也不再独立存在了，而是一起消失，物理学上称之为湮没。湮没发生的地点会放射出强烈的电磁辐射（γ射线），辐射的能量等于原电子的能量。

物理学的基本定理中规定，我们既不能创造能量，也不能消灭能量，这里出现的情况只是自由电荷的静电能向辐射波的电动能转变。玻恩对这种正负电子相遇的现象有一个说明，他认为这是"狂热的婚姻"，而布朗则悲观地认为这是"双双自杀"的现象。图16a表现了这个过程。

正负电子"湮没"的过程还有逆过程，也就是"电子对的产生"。强烈的γ射线可以产生一个正电子和一个负电子。这里的因果关系在于在把γ射线的能量消耗完后，才产生了这一对电子。

而想要产生这对电子所需要消耗的辐射能量，正好和一个电子对在发生湮没时所释放的能量是相等的。电子对产生在辐射从原子核旁经过的时候。如图16b，这张图所展示的就是这个过程。

人们很早就知道，当用硬橡胶棒和毛皮进行摩擦的时候，这两种物体所带的电荷是相反的。这个例子也可以说明两种相反的电荷

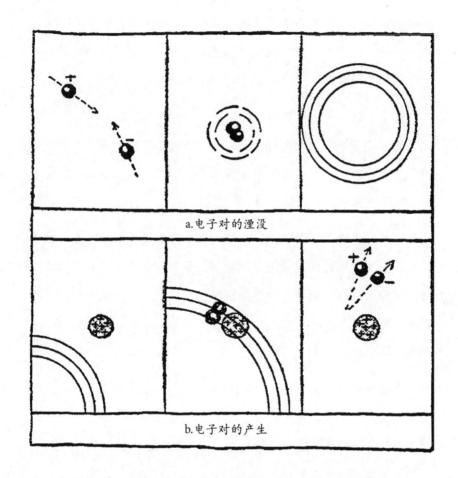

a.电子对的湮没

b.电子对的产生

图16　两个电子发生湮没并产生了电磁波，以及电
磁波从原子核附近经过时，有一对电子"产生"出来
的过程图

可以"凭空"产生出来。但这也没什么大不了的，如果我们拥有的能量足够大，在任何情况下都能造出电子来。只是由于湮灭现象，它们会快速消失，同时把原来耗掉的能量全都还回去。

>>> 宇宙线簇射

有一个可以产生电子对的例子很有意思，它被称为"宇宙线簇射"，是由在星际空间中的高能粒子射入大气层引起的。至今我们仍然不知道，这种在宇宙的广袤空间里遍布的粒子流究竟从何而来，不过我们对电子以极快的速度冲上大气层的上方时会有什么情况发生，就很清楚了。

当这种速度很快的初始电子穿过处于大气层原子的原子核周围时，带有的能量逐渐减小，并以 γ 射线的形式放出（图17），大量的电子对会因为这种辐射产生出来。

新生的正、负电子和最初的电子一起，继续前进。这些次级电子同样具有相当高的能量，辐射出 γ 射线，因而就有更多的新电子对产生出来。这个倍增过程在大气层中不断进行，当最初的电子最终抵达海平面时，还伴随着一群正负各半的电子。

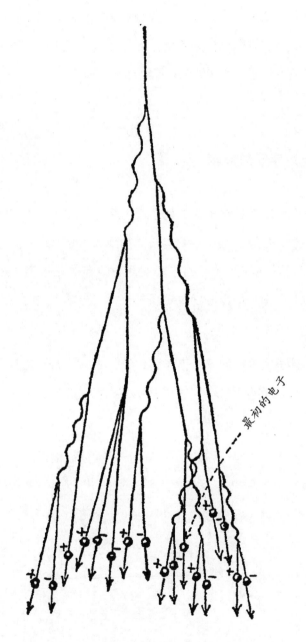

图 17 "宇宙线簇射"形成的图示

不用说你就能明白，这种高速电子也会在从其他物体中穿过时发生簇射，不过由于有更高的物体密度，产生分支的进程要更加快速一些（见照片IIa）。

我们现在可以看看负质子的存在可能会导致的问题。不难想象，这种粒子是由一个负电荷加入中子中，或有一个正电荷离开了中子而形成的。那么这种负质子和正电子都是无法长久地存在于我们所在的物质世界中的。它们会马上被周围带正电的原子核吸引过去，并被吸收掉，还有可能会变成中子。所以说即使这种负质子的确是基本粒子的对称粒子，我们也很难发现它。要知道，正电子是在科学界引入普通负电子的概念之后，过了将近50年才出现的！如果负质子的确存在，我们可以假设反原子和反分子也是存在的。中子（普通物质也有）和负质子组成这类粒子的原子核，核外还有正电子环绕着。

这些"反原子"的性质和一般的原子性质完全一样，所以你根本无法辨别水、奶油和"反水""反奶油"之间的区别。如果把普通物质和"反物质"放在一起，两种相反的电子会马上出现湮没的现象，两种相反的质子也会马上出现中和的情况，这两种物质会发生爆炸，其爆炸的威力比原子弹大多了。因此，如果真的有星系是由反物质构成的，那么我们从所在的星系向着另一个星系扔过去一块石头，或者有一块石头从另一个星系飞过来，它们在着陆时都会变成原子弹！

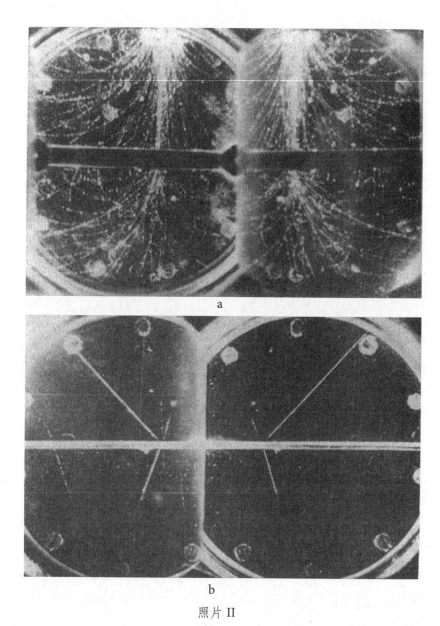

照片 II

a.在云室外壁和中央铅板处出现的宇宙线簇射，因簇射而产生的正电子和负电子在磁场的作用下，偏向相反方向

b.宇宙线粒子在中间的隔板上引发核衰变

（照片来源：卡尔·安德森，加州理工学院）

>>> 中微子的发现

有关反原子奇异性质的讨论就暂时到这里吧。现在我们来思考一下另外一种基本粒子。这种基本粒子很不平常，你能在各类可以观测的物理过程中看到它的身影。它就是"中微子"，一个通过"走后门"的方式进入物理界的家伙，虽然无论在哪个领域都有人强烈地表示不欢迎它，但它还是牢牢占据了基本粒子家族中一个位置。它被发现的过程，以及人们是怎么认识它的，则是现代科学中最振奋人心的一则故事。

数学家用被称作"反证法"的东西发现了中微子。这个令人兴奋的发现并非源自人们又发现了什么新的东西，而是人们发现有一些东西消失了。究竟是什么东西消失了呢？竟然是能量！

物理学有一条亘古不变的定律，能量既不能被创造，也不能被消灭。那么，如果人们找不到本来应该存在的能量，就说明这些能量被一个小偷或者一个小偷团伙顺走了。于是，一伙崇尚秩序、好起名字的科学侦探就叫这些顺走能量的小偷为"中微子"，尽管这时候他们都没有观测到过这些小偷。

我们的进度条拉得有点儿太快了。现在，我们还是把视线转移回这个"窃能大案"上来。目前，我们已经了解了任何一个原子中的原子核带正电的核子（即质子）数量大概占了整体数量的一半，另一半核子（即中子）呈中性。如果把一个或几个中子和质子加到原子核中，质子和中子间相对的数量平衡就发生了改变，就会有电荷出现调整的情况。如果中子的数量太多，就会有一些中子把负电子释放出来，然后转变为质子；如果质子的数量太多，一些质子就会向外发射正电子，然后转变为中子。

图18表示的就是这两个过程变化。人们把电荷在原子核内部进行的调整叫作β衰变，把在这种衰变中释放出的电子叫作β粒子。因为核子转变的模式是确定的，因此就会有确定的能量被释放出来，被产生的电子带走。所以我们判断，从同一物质放射出来的β粒子对应着的速度是一样的。可真实的实验数据中并不是这种情况。

我们发现释放出来的电子动能可以是在某一上限之下所有的正值。既没有其他粒子出现，也没有其他辐射带走了剩余能量。所以这么去想，β衰变中的"窃能大案"就显得十分严重了。以至于一度有人认为，这是人类发现的第一个推翻能量守恒定律的实证，简直成了整套物理理论——精致的建筑需要面临的灭顶之灾。

沃尔夫冈·泡利（1900～1958）

美籍奥地利科学家、物理学家。他提出了泡利矩阵、泡利不相容原理和β衰变。其中，最重要的是泡利不相容原理，这个原理是这样表述的：一个原子中，同一轨道不能容纳运动状态完全相同的电子。

不过会不会有别的可能性呢？消失的能量可能是被某种我们无法观测到的新粒子带走的。**泡利**有这样一种假设，他假定这种偷窃能量的窃贼粒子是一种不带电荷、质量比电子要小的粒子，也就是中微子。而我们已经知道高速粒子与物质相互作用，根据这个事实，我们就能够确定，现有的一切物理仪器是察觉不出这种不带电的小质量粒子的。

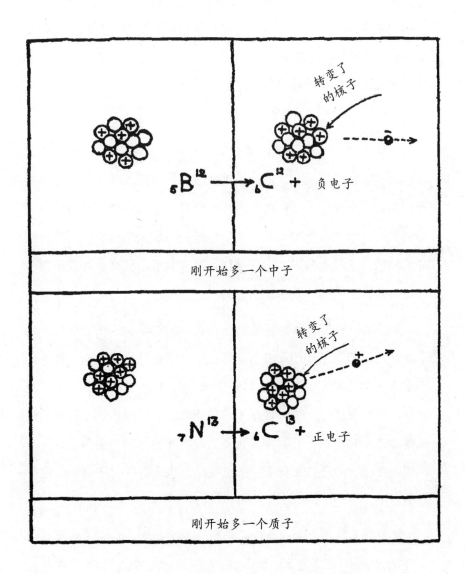

图18　负 β 衰变和正 β 衰变。为了更清晰地表现，
所有的核子都被画在一个平面内

中微子可以毫不费力地通过任何物质，行走非常长的距离。一层很薄的金属膜就完全能挡住可见光的照射，几厘米的铅块也能使X光和γ射线的强度降低一些，而一束中微子却可以轻松地从厚度达到几光年的铅中穿过。难怪不管用什么方法我们也观测不到中微子，只能通过它造成的能量亏空来发现它！

一旦中微子从原子核中离开，我们就永远没有办法再找到它了。但是它离开原子核时所产生的效应是可以用一些办法间接地观测到的。在你使用步枪射击的时候，枪身有向后运动的趋势而冲击你的肩膀；大炮在把重型炮弹发射出来的时候，炮身也会有向后推动的趋势。这种现象在力学中被称为反冲效应，同样也存在于原子核发射高速粒子的时刻中。

实际上，我们也的确观察到，在β衰变中，原子核会获得一定的速度，沿着电子运动反方向进行运动。但这种反冲有一个特点：不管电子射出的速度是多少，原子核的反冲速度总是相同的（图19）。这就有些令人难以理解了，按照我们的设想，一个速度很快的抛射体所具有的反冲程度应该要比它慢速抛射时更强烈一些。而原因就在于，原子核发射电子的过程中，也会有中微子射出以维持能量守恒。

如果电子所具有的速度快，带有大量的能量，中微子所具有的速度就小一些，携带能量也少一些，反过来也是如此。这样，在两种粒子的共同作用下，原子核就能维持相当不变的反冲效应。如果说这些还不足以证明中微子的存在，那恐怕就没有什么能够证明了！

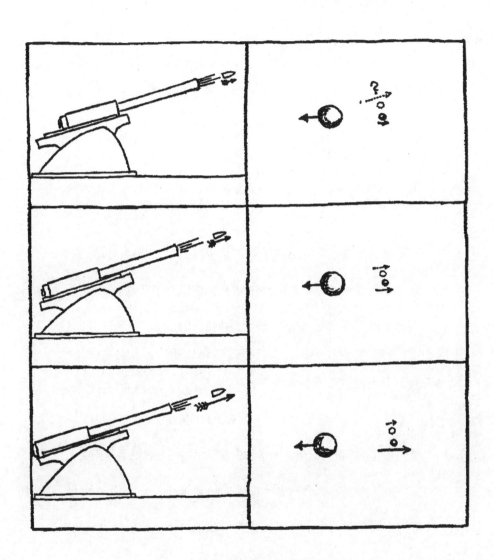

图 19 大炮与核物理的反冲效应

>>> 最小的粒子

好了，让我们总结一下刚才讲的这些内容，列出一个物质构成的基本粒子表，并把它们之间的关系明确地指出来。

我们目前所了解到的，首先，核子是中性的或者带正电，但也可能存在一种带负电的核子。

第二个是电子。它们既可以带正电，也可以带负电，是自由电荷。

还有让人捉摸不透的中微子。它是中性的，质量也比电子轻。

最后是电磁波。它们在空间中会进行电磁力的传播。

在物理世界中，这些基本成分是相互转化的，并且可以通过许多不同的方式结合在一起。中子可以转化成质子，并且在转化的过程中有负电子和中微子发射出来：

$$中子 \rightarrow 质子 + 负电子 + 中微子$$

质子又可以把带有正电的电子和中微子发射出来，然后变回中子：

$$质子 \rightarrow 中子 + 正电子 + 中微子$$

带有不同电荷的电子可以转化为电磁辐射：

$$正电子 + 负电子 \rightarrow 辐射$$

也可以反过来，通过辐射产生正负电子：

$$辐射 \rightarrow 正电子 + 负电子$$

最后，中微子能够与电子结合在一起，形成并不具有稳定性的粒子，出现在宇宙射线中。人们把这种粒子叫作介子：

$$中微子+正电子\rightarrow 正介子$$

$$中微子+负电子\rightarrow 负介子$$

$$中微子+正电子+负电子\rightarrow 中性介子$$

介子也被一些人称作"重电子"，不过这种叫法并不合适。

当中微子和电子结合在一起后，就会带有大量的内能，所以它们的结合体的质量是比它们的质量简单相加得到的数值大了大概100倍。图20是可以组成一切物质的基本粒子的图示。

可能大家还会接着问："这一回不能再分下去了吗？""为什么能够确定核子、电子、中微子是基本粒子，它们都不能继续分解出更小的粒子？仅仅半个世纪以前，人们还认为原子是最小的粒子，不能再进行分解了！而现在的原子结构是多么复杂啊！"

现在我们认为，目前的确不能准确地预测物质结构科学未来会如何发展，不过我们有充分的理由可以说，这些粒子确实是不能再进行分解的、组成物质的最基本的单位。我们的理由是：

那些在过去被人们认为不能再分的原子所具有的化学性质、光学性质以及其他性质都是各不相同并且十分复杂的。而在现代物理学中，这些基本粒子所具有的性质非常简单、单纯，以至于可以和几何点的性质相提并论。

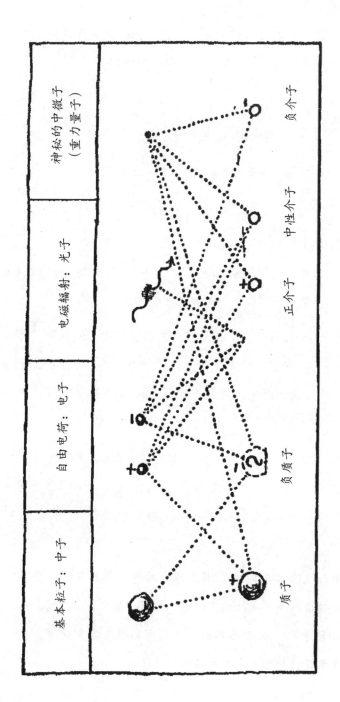

图 20　可以组成一切物质的基本粒子的图示

并且，把这些粒子和经典物理学中大量的不可再分解的原子进行比较，现在只存在了3种不一样的粒子，分别是核子、电子、中微子。

哪怕我们多想把万物还原为最简单的形式，也不能简化到什么都不剩的地步吧！所以我们认为对物质组成的认知已经做到追根溯源了。

物质组成的认知发展

这种看法是作者在写作这本书时，当时的科学界的观点。但是，在1968年作者去世后，不断有实验证据出现，证明了核子（中子和质子）不是组成物质的最基本的单位，而是一种合成物，这种合成物是由叫作夸克的粒子构成的。我们现在已知6种夸克，人们根据它们所具有的不同性质，给它们进行了命名，分别为下夸克（d）、上夸克（u）、奇夸克（s）、粲夸克（c）、底夸克（b）和顶夸克（t）。两个下夸克（d,d）和一个上夸克（u）组成中子（u,d,d），两个上夸克（u,u）和一个下夸克（d）组成了质子（u,u,d）。直到今日，有关夸克的研究学界仍在继续。请记住，核子已不再是组成物质的基本粒子和基本物质。本书后面再出现这种说法时，就不做一一说明了。

2

原子之心

在核能的领域中，我们所面临的处境（更准确一点，是在前不久我们所面临的处境）很像这样一个可怜的因纽特人：他生活的环境是零摄氏度以下的世界，唯一能接触到的固体是冰，唯一能接触到的液体是酒精（乙醇）。他根本不知道火是什么，因为两块冰摩擦并不能产生火；他也只能借酒消愁，因为他不能让酒精燃烧起来。

>>> 内聚力和表面张力

既然我们已经完全了解了物质的基本单位的性质，那么就继续对原子的心脏——原子核进行细致的研究吧！原子的外层结构和一个缩小的行星系统有某种程度的相似，但原子核内部却完全是另一种景象了。

首先我们知道这一点：静电力不可能是让原子核保持自身完整性的力，因为在原子核里面，有一半粒子即中子是电中性的，另一半即质子带的是正电，因此它们同电相斥。如果在一堆粒子里的力都是相互排斥的，那么不论怎么说它们都无法保持稳定。

因此，为了能够把组成原子核的各个部分维持在一起的原因搞清楚，必须假设它们之间有其他的力存在，这是一种引力，它不仅可以在电中性的粒子间发挥作用，也能在带电的粒子间发挥作用，它与粒子是什么种类的没有任何关系。

这种聚拢它们为一体的力一般被叫作"内聚力"。其他事物中也有这种力存在，例如在普通液体中就有它的身影，它的存在阻止各个分子向各个方向扩散。

原子核内的各个核子间正是有这种力的存在，才不会由于质子间的静电斥力而变得分裂，其内部的核子还会紧紧地抱在一起，如沙丁鱼罐头一般。这样比起来，在原子核外的各个壳层的电子都能够在充足的范围内施展拳脚。

我最早提出的看法是：原子核内物质的排列方式类似于普通的液体。和液体一样，原子核也具有表面张力。

表面张力是液体中一个重要现象，它的产生机制是这样的：在液体内部有粒子存在，这些粒子被与它们挨在一起的其他粒子牵引着，以相同的力向各个方向延伸，而在液体表面的粒子受到的力只有向着液体内部的拉力的作用（图21）。

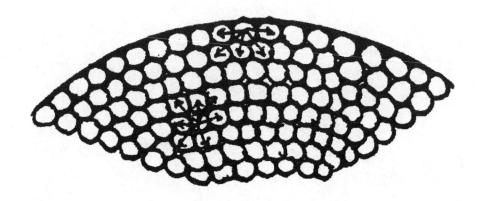

图 21　液体的表面张力的说明

这种张力是不受外力作用的，所有液滴都倾向于保持球体的状态，因为在所有体积大小一样的几何体中，表面积最小的是球体。因此就有这样一个明确的结论，所属元素不同的原子核可以被简单看成大小不一的液滴，这种液滴是由同一种"核液体"组成的。

但是这只是在做定性的考虑时，这种核液体与普通液体类似，如果是做定量的分析，两者却差异巨大，因为核液体的密度和水的密度的比值是：

$$240,000,000,000,000$$

表面张力也是水的1,000,000,000,000,000,000倍。

为了方便大家明白这个道理，我们举一个例子。如果用一根金属丝弯出一个大约长宽是2英寸（约5厘米）的倒U字形框架，下面放上一根细丝，如图22。

火卫二

图 22　验证核液体的表面张力

在框架内覆上一层肥皂膜，存在于这层膜上的表面张力会给细丝一个向上的力。把一个物体悬挂在细丝下面，使重力与液体张力平衡。

如果是普通的肥皂水做成的这层膜，0.01毫米厚度的膜的重量为0.25克，能拉起的重物的重量为0.75克。

假如我们可以把核液体的一层薄膜制作出来，并在这个架子上张开，它的重量就会有5000万吨（相当于1000艘邮轮），细丝上则能悬挂的物体的重量就可以达到1万亿吨，这和火星的第二颗卫星"德莫斯"的重量是相等的！当然，想要通过核液体吹出这样一个泡，不知得需要怎样一个强有力的肺！

>>> 聚变与裂变

在把原子核看成小液滴时，我们还必须要注意，它们是带电的，因为原子核中的核子有一半是质子。因此，有两种相反的力存在于原子核内部：

一种是束缚各个核子成为一体的表面张力，另一种是存在于核内各带电部分间的斥力，这种斥力倾向于把原子核拆分成好几块。这就是造成原子核稳定性差的最主要原因。

如果表面张力占主导地位，原子核就不可能分裂成好几部分，两个这种类型的原子核接触在一起的时候，就会有聚合在一起的倾向，就好像两滴普通的液滴混合在一起时那样。

与此相反，如果斥力占有优势时，原子核就更可能分裂成两块或者多块碎块，这些碎块进行高速分离的运动。这种分裂过程也叫作"裂变"。

1939年，玻尔和威勒通过精确计算种类不同的元素的原子核表面张力和静电斥力的平衡点，得到一个非常重要的结果：在元素周期表中，处于前面部分的元素（到银为止）的表面张力占据优势位置，重元素则是斥力占有重要地位。

因此，从理论上来看，那些比银重的元素的稳定性是不够的，当有来自外面的强烈攻击击中它们时，它们就会进行分裂，变成两块或两块以上的碎块，同时有大量的核能从内部释放出来（图23b）。而那些总重量比银原子还要小的两个原子核彼此靠近时，就可能会自行发生聚变（图23a）。

不过你可得知道，不论是两个轻原子核的聚变，还是一个重原子核的裂变，一般是不会发生的，除非我们有意施加了特定条件。事实上，轻原子核发生聚变的前提条件是，我们得消除两个原子核之间的静电斥力，它们才能彼此靠近；而如果希望一个重原子核裂变就必须对它进行强有力的轰击，使其做幅度很大的振动。

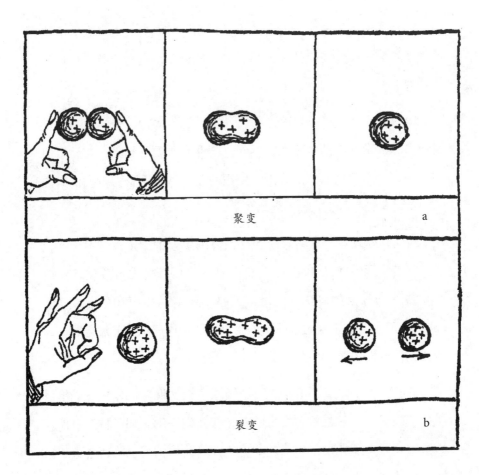

聚变　　　　　　　　　　　　　　　　　a

裂变　　　　　　　　　　　　　　　　　b

图 23　聚变与裂变示意图

>>> 亚稳态与因纽特人

在科学上，我们把这种受到激发后，某一物理过程才会进行的状态叫作亚稳态。处于亚稳态的例子有很多，比如悬崖上摇摇欲坠的岩石、一盒火柴、存在于炸弹里的TNT。

这些例子里都有大量待释放能量。但是如果你不用脚踢一下岩石，岩石是不会落下的；如果你不划火柴或者对火柴进行加热，火柴也不会燃烧起来；如果你不使用雷管引爆TNT，它也不会爆炸。

我们生存的空间里，到处都是潜在的核爆炸物质，银块除外。

但是，我们并没有被炸得粉碎，正是因为核反应发生的难度很大。更加严谨的表述就是只有在提供了巨大的激发能的条件下，原子核才有可能发生变化。

在核能的领域中，我们所面临的处境（更准确一点，是在前不久我们所面临的处境）很像这样一个可怜的因纽特人：

> 他生活的环境是零摄氏度以下的世界，唯一能接触到的固体是冰，唯一能接触到的液体是酒精（乙醇）。他根本不知道火是什么，因为两块冰摩擦并不能产生火；他也只能借酒消愁，因为他不能让酒精燃烧起来。

现在，我们最新研究得出，在原子内部有巨大的能量可以释放出来，这种惊讶的心情不亚于这个因纽特人第一次看到燃烧的酒精灯时的心理活动。

一旦把如何开始核反应的困难克服掉，即便它会引起很多麻烦也都显得无所谓了。比如说数量相等的氧原子和碳原子在按照下面这个化学式进行化合时

$$O+C \rightarrow CO + 能量$$

每克按比例混合的氧和碳释放出的能量为920卡。如果用这种化学结合（分子的聚合，图24a）和原子核的聚合进行交换（图24b）即

$$_6C^{12} + _8O^{16} = _{14}Si^{28} + 能量$$

这时，每克混合物就能释放出高达14,000,000,000卡的能量，和前者相比，高出了1500万倍。

同样，如果把1克复杂的TNT分子进行分解，就能得到水分子、二氧化碳分子、一氧化碳分子和分子裂变产生的氮气，这时所释放的热量约为1000卡；而1克汞，在核裂变时，所释放的热量为10,000,000,000卡。

但是你也不要忘了，在几百摄氏度的温度下，化学反应就能够轻松进行下去，而核的转变即便是在几百万摄氏度也没有发生。

正是由于引发核反应是非常困难的，保证了整个宇宙在一声巨响的爆炸中变成一块纯银的物体的危险性不是很大，这一点大家尽管放心。

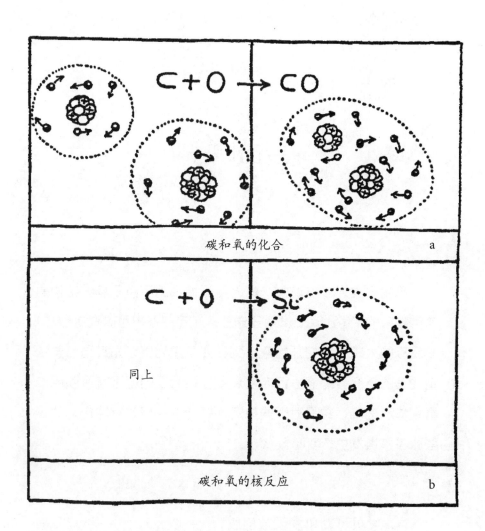

图 24 碳和氧的化合反应与碳和氧的核反应

3

轰击原子

　　科学家发现放射现象，毫无疑问地证明了原子核的结构是非常复杂的，也让我们发现了通往人工产生（也可以说是激发）核反应的大门。我们开始意识到，如果重元素，尤其是那些稳定性差的重元素能够进行自发衰变，那么我们是否就可以用能量足够高的高速粒子对那些稳定性好的原子核进行冲击，让这些原子核也发生衰变呢？

>>> 贝可勒尔发现放射性

　　整数的原子质量是原子核复杂构造的有力证据，不过想要直接证实这种复杂性，只有在实验中把原子核碎裂成两块或者更多块才行。

第一个说明原子有可能破碎的现象，来自50多年前（1896年）法国科学家**贝可勒尔**对放射性的研究发现。事实表明在元素周期表尾部的元素，例如铀和钍，能自动辐射出具有强烈穿透性的射线（和普通的X射线很像），出现这种现象的原因是这些原子在进行衰变，并且衰变的速度是非常缓慢的。通过对其进行细致的研究后，人们得出了结论：重原子在衰变时会自行分裂出两个部分，并且这两个部分差别极大。

> **贝可勒尔**（1852～1908）
>
> 法国物理学家，放射性的发现者。他从1895年开始就对磷现象进行研究，并在研究过程中发现了不可见的辐射。他于1896年发现铀的放射性质，因而获得1903年诺贝尔物理学奖。

（1）有一部分是氦元素的原子核，是叫α粒子的小块；

（2）另一部分是子元素的原子核，是原有原子核遗留下来的。

铀原子在破裂过程中会放射出α粒子，产生出子元素，人们称它为铀X₁，在经过内部对电荷的调整后，会有两个自由的负电荷，也就是普通电子放射出来，变为铀同位素，其质量比原来的铀原子轻4个单位。然后，是一连串α粒子发射和调整电荷的工作，衰变一直持续到原子变为稳定的铅原子才结束。

刚才提到的这种嬗变在另外两族放射性物质上也会出现，这两种物质是以重元素钍开头的钍系和锕开头的锕系。经过一长串的衰变后，这三族元素最后变成了三种铅同位素。

在上一节中，我们提到了处于元素周期表后半部分的元素的原子核具有不稳定性，因为在这些元素的原子核内有分离趋势的静电力要比用于约束原子核的表面张力大。对比一下这一条和自发放射衰变的情况，就会有读者发现异样的地方：既然比银重的元素都具有很差的稳定性，为什么我们只能发现像铀、镭、钍这样的最重的元素在进行自发衰变呢？

答案是：虽然从理论上来看，所有比银重的元素都具备放射性，而且它们的确在逐渐发生衰变，成为轻元素。不过一般来说，这些元素自发衰变的速度都是缓慢的，慢到了我们无法观测出来。有很多大家所熟知的元素，可能它们的原子在一百年里也只分裂一两个而已，碘、金、汞、铅等都属于这种元素。这一过程实在漫长，任何灵敏的物理仪器都测不出来。只有最重的元素具有强烈的自发衰变的倾向，我们才得以观测到其放射性。

这种相对的嬗变率还对那些稳定性差的原子核的分裂方式起到了决定性的作用。以铀为例，其原子核有很多种方式进行分裂：一种是分裂成两部分，这两部分完全相等；另一种是分裂成相等的三个部分；还有一种是分裂成很多大小不一的部分。不过还有一种情况是最容易发生的，那就是分裂出一个 α 粒子和一个子核。

通过进行实验观察，我们得知，铀原子核自发分裂成两个一样大的部分的概率和放射出 α 粒子的概率相比，前者比后者低数百万倍。因此，每1秒中，1克铀都有上万个原子核分裂放射出 α 粒子，但是想要观察到分裂出两个相等部分的裂变，却要等好几分钟。

科学家发现放射现象，毫无疑问地证明了原子核的结构是非常复杂的，也让我们发现了通往人工产生（也可以说是激发）核反应的大门。我们开始意识到，如果是重元素，尤其是那些稳定性差的重元素能够进行自发衰变，那么我们是否就可以用能量足够高的高速粒子对那些稳定性好的原子核进行冲击，让这些原子核也发生衰变呢？

>>> 卢瑟福的人工核反应实验

卢瑟福的想法是这样的，他使用稳定性差的放射性元素分裂时放射出的 α 粒子，轰击在正常情况下是稳定的元素。图25是他在1919年为这项实验首次制造的设备，和现在那些物理实验室里庞大的用于轰击原子的设备相比，这一台真是十分简陋了。

这台设备中有一个圆筒形的真空容器，一端开有透明窗，在这扇窗上有一层薄薄的荧光物质，可以当作屏幕（c）。α 粒子源是在金属片上积累的一层薄薄的物质，具有放射性（a）。然后把轰击的物质靶（在这个实验中用的材料是铝）做成金属箔（b），放在离粒子源有一定距离的地方。铝箔所在的位置恰好可以挡住所有入射的 α 粒子。所以如果没有成功让靶子产生核碎片，那么荧光屏上就不会有光亮出现。

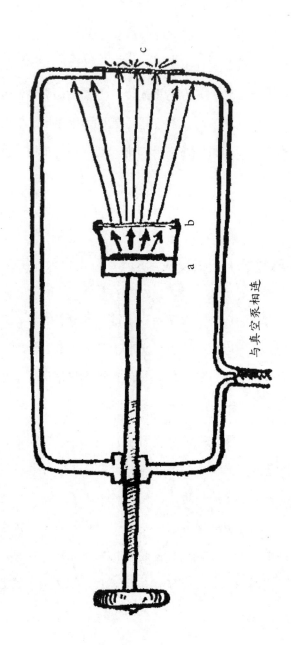

图 25　卢瑟福的人工核反应实验

卢瑟福在把一切部件安置妥当后，就用显微镜观测屏幕。他看到屏幕上并不是漆黑一片，而是闪烁着数不清的亮点！每个亮点都是由于质子撞在屏幕上而出现的，而这些质子是 α 粒子在撞击靶子上的铝原子时出现的碎片。所以，元素的人工核反应就从理论变成了现实。

在卢瑟福把这个实验完成后的数十年里，元素的人工核反应不断发展，变成了物理学中最为庞大和不可缺少的分支之一。在产生用来进行轰击的高速粒子的方法和观测结构手段方面都有了巨大进步。

>>> 威尔逊云室

想要观测粒子撞击原子核时的情形，能用到最棒的仪器是一种直接用肉眼就能观察的云室（这种云室由威尔逊发明，也被称为威尔逊云室）。

如图所示，图26画的就是云室简图。它的工作原理是在下面这个现象的基础上建立的：高速运动的带电粒子在空气和其他气体中穿行时，会影响沿路的气体原子，导致它们出现一定的形变。粒子的强电场让这些分子失去一个或几个电子，变成离子。

这种状态不会长时间地继续下去。粒子经过后，离子会迅速抓到新的电子变成原来的样子。如果这种电离发生在水蒸气丰富的环

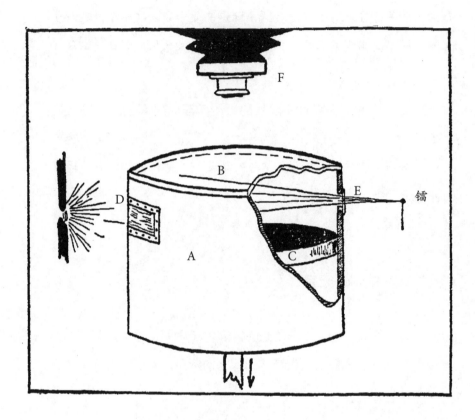

图 26　威尔逊云室简图

境里，水分子就会聚集在离子周围形成微小的水滴，这是水蒸气的一种性质，它易附着在离子、灰尘等东西上。由此，会有一条很细的雾珠出现在粒子穿行的路上。也就是说，在云室中可以清楚地看到一切带电粒子在气体中穿行的轨迹，就像一架飞机拖着长长的尾烟穿过。

从制作工艺来看，云室这种仪器并不复杂，它的主要部件是一个金属圆筒（A），有一块玻璃盖（B）盖在圆筒的上面，筒内有一个活塞（C）（图中未画出转动的部件）可以上下移动。空气（可根据需要充入其他气体）和定量的水蒸气被充入活塞与玻璃盖之间。当云室的窗口（E）处有粒子进入时，活塞就会迅速下降，腔体内的气体就会冷却，继而水蒸气凝结成小水珠，并且按照粒子运动的轨迹形成一缕雾丝。由于边窗（D）中有强光照射，在桶内壁黑色背景的映衬下，雾迹可以清楚地显现出来。活塞连动的照相机（F）会自动把这种景象拍摄下来。这个简易的仪器能让我们轻松地得到核轰击过程的完整照片。因此，它从很早开始就是现代物理学中最实用的仪器之一。

>>> 粒子加速器

我们自然也希望找到一种方法能够把各种在强电场中的带电粒子（离子）进行加速，从而形成高速粒子束。这样不但能将稀有并且价格贵的放射性物质节省下来，还能产生其他种类的粒子（比如质子），而且这样产生的粒子的能量远远大于一般放射性衰变产生相同粒子的能量。在所有能够放射有强大的能量的高速粒子束的仪器中，静电发生器、回旋加速器和直线加速器是最重要的仪器之一。它们的工作原理如图27、图28、图29所示。

上述加速器可以产生各种高能粒子束，并让这些粒子束对各种物质做成的靶进行轰击，这样会有一连串的核反应产生出来，就可以用云室把它们拍摄下来，想要进行相关研究也就非常方便了。照片Ⅲ、Ⅳ呈现的就是有关的核反应。

来自剑桥大学的布莱克特是第一个拍摄这个照片的人。他拍摄的内容是一束α粒子在衰变中产生出来后，穿行过充有氮气的云室。我们可以首先注意到，所有穿行轨迹的长度都是确定的，这是因为粒子在飞过气体时动能逐渐耗散，最后都将静止。粒子有两种穿行的长度，这是因为粒子束中的α粒子的能量是不同的（钍的两种同位素ThC和ThC′的混合物构成了粒子源）。

大家还可以看到，α粒子穿行的轨迹大体上是沿直线前进的，只有在尾部，也就是粒子马上失去所有动能的地方，才比较容易和氮原子侧面碰撞造成轨迹偏折。可是从这张星状的α粒子图中可以看到，有一条特殊的轨迹：它的一个分岔很特殊，一支又细又长，一支又粗又短。

这表明它是α粒子正面撞击了氮原子而形成的。又细又长的轨迹是被撞出来的质子留下的，又粗又短的则是被撞到了一边的氮原子留下的。

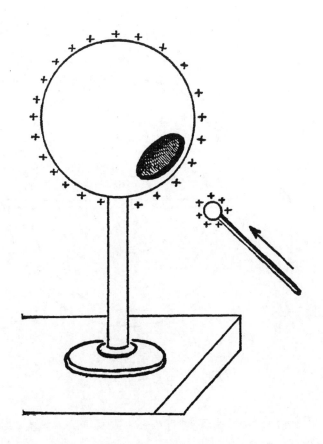

图 27　静电发生器的工作原理

　　物理学基础知识中提到，如果有电荷向金属导体传递，那么它将附着在金属导体的表面上。因此如果在金属球上开一个小洞，将带有少量电荷的导体重复伸入其中与内表面接触，金属球电压就可以达到任意数值。在实际应用中，我们是用一根传送带穿过小洞伸进球内，用它把起电器产生的电荷带进球里

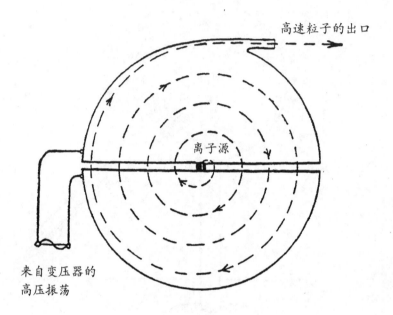

图 28　回旋加速器的工作原理

　　回旋加速器是由两个处于强磁场中的半圆形金属盒（磁场方向垂直于纸面）组成的。两个盒分别与变压器的两端连在一起，所以两个盒轮流带有正负电。离子从中心部分的离子源中发射出来，在磁场中以半圆形的路线运动，在从一个盒体进入另一个盒体缝隙中受电场力加速。离子在运动过程中不断加速，形成一条向外扩展的螺旋轨迹，最后离子以极高的速度冲出加速器

因为不存在其他轨迹，所以说明"肇事"的α粒子附在氮原子核上一起被弹开了。

在后面的照片Ⅲb上，我们会看见质子在被人工加速过后与硼核碰撞的结果。加速器把高速的质子束从出口（照片中心的黑影）射出来，击中在外面的硼片上，产生的原子核的碎片在空气中向四面八方飞散。照片上有一个有意思的地方：碎块的轨迹是三个一组（有两组都在照片上显示出来，其中有一组是用箭头标注的），这是由于质子击中硼原子时，会裂成3个相同的碎片。

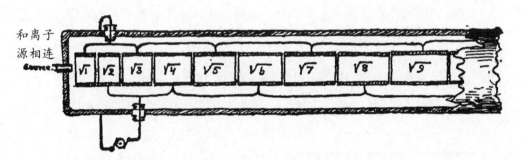

图 29　直线加速器的工作原理

这套装置中有一套圆筒，圆筒的长度是不断增大的，变压器对它们轮流施加正负电。离子从一个圆筒运动到另一个圆筒中，在运动的过程中，相邻的圆筒之间的电势差会对离子加速，每过一节圆筒加速一次。由于速度与能量的平方根是正比关系，因此只需保证圆筒的长度符合从小到大整数的平方根的比例，离子就始终可以保持与交变电场周期同步。只要这套装置足够长，就能把离子加速到非常快的速度。

在另一张照片Ⅲa中拍下的是高速氘核（这个原子核是由一个质子和一个中子组成的）撞击靶上另一个氘核的场面。

照片中，长一点儿的轨迹来自质子（$_1H^1$核），短一点儿的轨迹则来自三倍重的氢核（也叫氚核）。

中子和质子都是组成原子核的主要部分。如果云室的照片不包括中子参与的反应，那么这个核反应的结果是不完整的。

但是，不要幻想在云室中看到有中子出现的轨迹，因为中子是电中性的。因此，在中子——原子物理学中的"黑马"在运动的过程中，是不会出现电离的。而在生活中，如果你看到有一股青烟从猎人的猎枪里冒出来，又看到有一只鸭子从天空中掉下来，尽管你没有看见，也知道有一颗子弹飞过。

那么我们就做个类比：如果你在观察云室照片Ⅲc时，你看到氮原子分裂成了两支，向下的那一支是氦核，向上的那一支是硼核，你就一定会知道有一个看不见的粒子从左侧对着氮核撞了一下。那么事实上呢，我们把镭和铍的混合物放在云室左侧的墙上，也就是**快中子源**。

只需要连接起中子源和氮原子分裂处，所连直线就可以表示中子的运动路径。

产生快中子源的核反应式

(a) 中子的产生：
$_4Be^9 + _2He^4$（镭放射出的 α 粒子）$\longrightarrow _4C^{12} + _0n^1$

(b) 中子轰击氮原子：
$_7N^{14} + _0n^1 \longrightarrow _4B^{11} + _2He^4$

照片Ⅳ显示的铀核裂变时的情景，是由布基德、布鲁斯特鲁姆和劳里森拍摄的。两块裂变碎片从一张涂有铀的铝箔上，向着相反

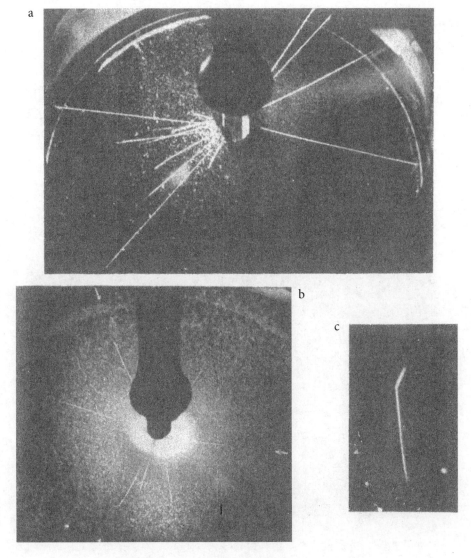

照片Ⅲ　被加速的粒子造成的原子核嬗变

　　a.云室中重氢气内的一个氘核被快氘核击中后，产生了一个氚核和一个氢核：$_1D^2 + _1D^2 \rightarrow _1T^3 + _1H^1$

　　b.一个硼核被快质子击中后，分裂成三个相同的部分：$_5B^{11} + _1H^1 \rightarrow 3_2He^4$

　　c.从左侧射来一个不能被看到的中子，使氮核分裂成一个硼核和一个氦核：$_7N^{14} + _0n^1 \rightarrow _5B^{11} + _2He^4$

（照片来源：迪伊博士和菲特，剑桥大学）

102

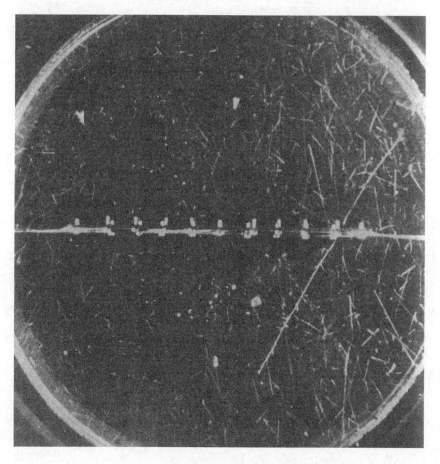

照片Ⅳ 这是在云室里拍到的铀核裂变时的情形。一个看不见的
中子把横着放在云室里的薄铀箔中的铀核击中，这两条径迹显示，
裂变出来的两块产物正带着高达一亿电子伏的能量飞离

（照片来源：T.K.博格尔德、K.T.布拉斯托姆、汤姆·劳林，哥本哈根研究所）

的方向飞出。同样，在这张照片上我们找不到让这次裂变发生的中子以及在裂变中产生的中子。

通过高速粒子轰击原子核，我们可以得到各种各样的核反应，不过现在我们应该来看看一个更重要的问题，也就是这种轰击的效率是什么样的。照片Ⅲ和Ⅳ中呈现的是单个原子在分裂时的情景。但如果想把1克硼全部反应生成氦，就是要把一共55,000,000,000,000,000,000,000个硼原子全部击成碎片。目前我们制作出来的最厉害的加速器每秒产生的粒子个数为1000,000,000,000,000。就算加速器能用一个粒子击碎一个硼核，那也得需要5,500万秒，也就是大约两年的时间才能完成。

而且实际效率也要远远低于这个。一般几千个高速粒子里只有一个能击中靶子上的原子核，产生裂变。出现这样低效率的原因是，入射带电粒子在通过原子核附近时，会被核外的电子影响从而减慢速度。在轰击的过程中，电子壳层的横截面积要大于原子核的横截面积，我们又不能将每个粒子都对着原子核瞄准。

也就是说，粒子要从很多原子的电子壳层中穿过去，才有可能直接命中某个原子核。图30就说明了这一问题。图中用黑色圆点表示原子核，用阴影表示电子壳层。原子的直径和原子核的直径的比值为10,000∶1，它们受轰击的截面积之比为100,000,000∶1。我们还能通过计算得知，带电粒子在从一个原子的电子壳层穿过后，能量大约减少万分之一。所以说当它穿过1万个电子壳层后，就不再继续了。

总结一下这些数据背后的现象，1万个粒子里只可能有1个粒子没有耗尽它的能量，最后撞到其中一个原子核上。那么带电粒子能够轰击到靶子上的原子的效率简直太低了，想让1克硼完全反应，可能需要让一台最先进的加速器运行两万年以上！

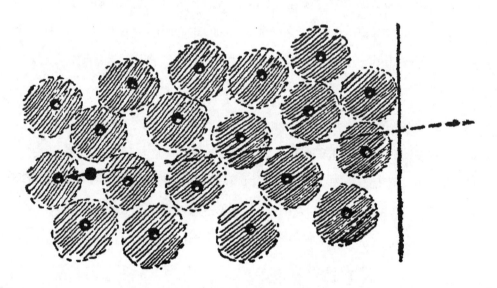

图 30　粒子要从很多原子的电子壳层中穿过去，
才有可能直接命中某个原子核

4

核子学

自打人们发现了这种中子自我繁殖的核反应，核物理学就史无前例地变得繁荣起来。它不再局限于纯科学——一座研究物质最隐秘性质的象牙塔，而是被卷入了报纸标题、狂热政治和军工发展的旋涡中。只要你看新闻，就不可能不知道铀核可以通过裂变释放核能。

>>> 原子能

生活中总会见到这么一类词语，从字面意思看觉得并没有什么，实际上却有不小的应用价值。"核子学"就是这种词语，那我们就来看看它到底是什么。正如"电子学"是在说自由电子束的应用很广泛一样，"核子学"大概就是讲把核能量大量释放出来，然后应用在实际生活中的科学。

在上一节中我们已经讲过，除银以外的其他化学元素的原子核内部包裹着巨大的能量，这些能量可以在轻元素发生聚变时释放出来，也可以在重元素裂变时释放出来。我们还提到了，虽然人工加速粒子轰击原子核在研究核反应的理论时有很好的应用，但由于它效率太低了，没有什么实际应用的前途。

不过，出现这种低效率的原因是α粒子和质子是带电的，当它们从原子的电子壳层中穿过时就会失去能量，而且它们自身带电很难接近靶原子核。因此我们自然会想到，如果电中性的中子攻击靶原子核，可能就方便多了。

然而，问题还是没有得到解决。因为中子想要进入原子核内毫无困难，所以自然界中就没有自由状态的中子。如果是用人工方法，让一束粒子射入原子核内，把一个中子踢出来（比如α粒子轰击铍靶，就可以产生中子），这个中子就会迅速被其他原子核抓住。

如果想要得到具有强大力量的中子束，就要在某种元素的原子核里，把所有中子挨个儿踢出来。这不就又回到用带电粒子轰击原子核这条老路上去了！

但是，还真有一个能从这个死循环中解脱出来的方法：如果让中子去踢中子，并且能踢出很多中子来，中子就会像兔子或是细菌繁殖一样，增加得非常迅速（参见图58）。然后，一个中子"繁衍"出的中子数目就会变得很大，达到的规模完全能攻击一块很大物质的每一个原子核。

自打人们发现了这种中子自我繁殖的核反应，核物理学就史无前例地变得繁荣起来。它不再局限于纯科学——一座研究物质最隐秘性质的象牙塔，而是被卷入了报纸标题、狂热政治和军工发展的旋涡中。只要你看新闻，就不可能不知道铀核可以通过裂变释放核能。通常，人们也称之为原子能。

1938年末，哈恩和斯特拉斯曼发现了铀的裂变。不过不要以为是裂变产生的两个大小相似的重核本身维持了核反应的继续。实际上，有很多电荷都附着在这两部分核块上（每一个核块上大约都有铀核原电荷的一半），因此它们不可能同其他原子核靠近。邻近原子壳的电子层会作用于它们，这些核块会迅速耗散动能，趋于静止，而不会进一步引起裂变。

之所以铀的裂变如此被人们重视，是由于我们发现当铀碎片减慢速度时会有中子释放出来，从而使核反应能持续自发进行（图31）。

这种在裂变中出现缓发效应发生的原因是，重原子核裂开时在进行着剧烈的振动，好像刚断裂成两节的弹簧。但这种振动并不会造成二次裂变（也就是碎片再一次裂开），但抛射出几个基本粒子还是有可能的。

在这里需要注意的是：我们说每个碎块中都有一个中子产生出来，只是在说一个平均的情况，有的碎块有两三个中子产生出来，有的一个也不能产生出来。

108

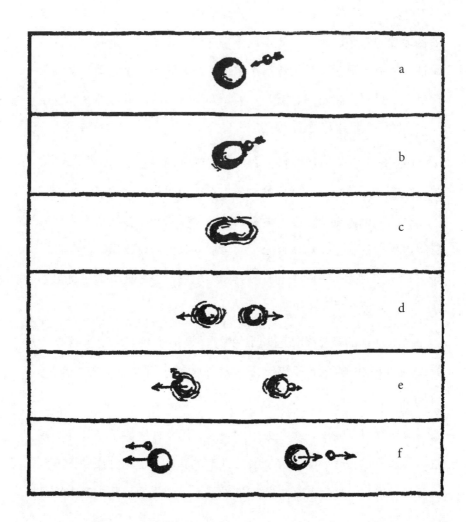

图 31 裂变过程中的各个阶段

当然，振动强度决定了裂变时碎块产生出来的中子数，而这个强度又是由裂变时释放的总能量决定的。我们知道，原子核的重量增加的话，释放时的总能量也会相应地增加。因而周期表中原子序数大的原子裂变产生的中子数更多。例如，金在核裂变中（由于实验中需要过高的激发能，所以目前为止都没有做出成功的实验）产生出来的中子数并不能达到每块一个，铀则为每块一个（也就是每次裂变中有两个中子产生出来），重一些的元素（如钍），应该为每块不止一个。

如果在某种物质中有100个中子射入，为了保证中子的连续增殖，显然这100个中子应该会产生出来100多个中子。至于是否会有这种状况出现，就要看中子让这种原子核发生裂变的效率是怎样的了，同时也和一个中子在经过裂变后能够产生新中子的数量有关系。注意，虽然中子的轰击效率远远高于带电粒子，也依然不能达到100%。

实际上，总有一些高速中子在撞击到某个原子时，只转移了一部分动能给这个原子，并带着余下的能量跑掉了。这样一来，粒子的动能将在几个原子核上分摊，任何一个都不能发生裂变。

根据原子核结构理论我们可以说：裂变物质的原子质量越大，中子的裂变率也就越高，而元素周期表最后的元素裂变率接近100%。

>>> 分支链式反应

现在，我们用两个有关中子数的例子进行探讨，一个中子可以增多，另一个则不容易发生：

（A）快中子使某一元素发生裂变的效率为35%，在裂变发生时平均产生1.6个中子。这时，100个中子就会引发35次裂变，产生第二代中子数为35×1.6=56个。所以说中子数目会一代比一代低，每一代减少的数量都是上一代的一半。

（B）另一种较重元素，把裂变率提高到65%，裂变发生时平均产生2.2个中子。100个中子就会引发65次裂变，放出65×2.2=143个中子。每进行一轮反应，中子数就比原来增加了$\frac{1}{2}$。过不了多久，中子数就能够多到轰击核样品中的每一个原子。我们把这种反应称为分支链式反应，把能产生这种反应的物质称为裂变物质。

当我们仔细研究发生渐进性分支链式反应（图32）所需要的要素并且进行实验观测后，我们知道了，只有一种天然元素的原子核具有发生这种反应的可能性，它就是铀的轻同位素铀235。

但是，铀235并不能在自然界中独立存在，而是以混合着很多较重的非裂变同位素铀238（其中0.7%是铀235，99.3%是铀238）的形式存在着，这种情况对于分支链式反应就像湿木柴中所含的水分阻挡木柴进行燃烧一样。

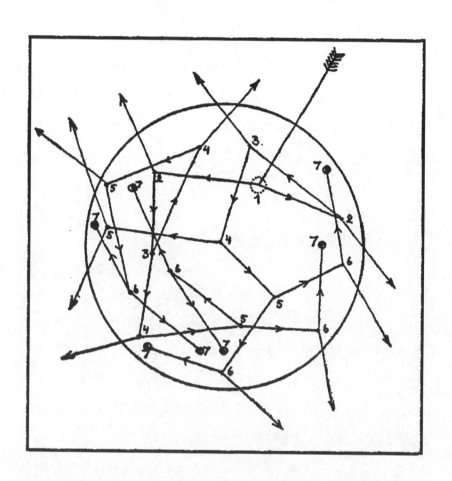

图 32　裂变反应发生在一个球形的裂变物质上。虽然在这
个物质的表面有很多中子都逃跑了，但是中子数随着代数
的增加也在增加，最后发生了爆炸

当然正因为铀238的同位素的性质是不活泼的，并且能够与铀235混合，才让我们到现在都有高裂变性的铀235可用，不然它们早就会发生链式反应变得没影了。

那么，如果你想用铀235，就需要先对铀235和铀238进行分离，或者找到避免铀238产生干扰的办法。这两类方法都是原子能领域的研究目标，并且也都分别取得了成功。关于这类结束性问题，我们不想讲太多，只在这里简单地概述一下。

>>> 分离铀的同位素的方法

分离铀的两种同位素这一技术问题在科学家看来是十分困难的。它们具有完全相同的化学性质，所以用常规的化工方法完全不成功。这两种原子唯一的差异是在质量上，有1.3%的相对区别。这就建立了我们使用扩散法、离心法、电磁场偏转法等方法分离两种同位素的基础。图33a和b解释了扩散法和磁场法两种主要分离方法的原理，并且进行了简短的说明，以便读者理解。

这些方法共同的缺点是：由于这两种同位素的质量差得太少，都不能一次性完成分离，需要反复进行分离，才能把轻的同位素大量收集起来。在重复很多次后，得到的产品就是纯净的铀235了。

还有一种方法更加聪明，就是使用减速剂，它可以削弱天然铀中重同位素的影响，使链式反应得以维持。

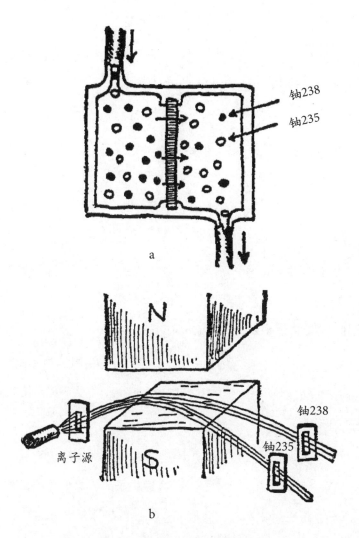

图 33　扩散法和磁场法的原理图

　　a.扩散法分离同位素。抽取含有两种同位素的气体，置入汞室的左半部分，气体经过中央的隔板，扩散到右半部分。较轻的分子的运动速度更快一点儿，右半边的汞室中会充满含有铀235的气体

　　b.磁场法分离同位素。在原子束穿过强磁场时，较轻的原子偏转半径更小。实际操作中为了得到更多的原子，使用的缝隙比较宽，因此铀235和铀238的粒子束会重叠起来一部分，同样只做到了部分分离

在学习这个方法前，我们首先要明白，铀238为什么破坏链式反应。因为铀238吸收了铀235裂变时产生的大部分中子且并不释放，所以反应无法维系。

那么假如我们能设法让中子躲开铀238的俘获，成功碰到铀235的原子核，裂变就能继续下去，反应自然就没什么问题了。可铀238是铀235数量约140倍之多，让铀238俘获不到大部分中子，这简直是不可能的事情！

不过我们还有另外一个帮手。铀的同位素所具有的"俘获中子的能力"会随着中子运动速度发生改变。这两种同位素俘获裂变产生的快中子的能力是相当的。

那么，当一个中子对着铀235的原子核进行轰击时，铀238就会俘获140个中子。对于速度不快不慢的中子来说，铀238的俘获能力要强于铀235。

但有一点特别重要：对于低速中子来说，铀235能俘获的中子远远大于铀238。那么，在裂变中产生的高速中子如果能被我们在遇到下一个原子（不管是铀238还是铀235）的原子核前就降低速度，铀235的数量是少了一些，却有可能比铀238俘获更多的中子。

我们把天然铀的小颗粒掺在一种可以减缓中子的速度但自己又不会俘获很多中子的物质（也就是减速剂）中，就制作出来了减速装置。最好的减速剂有三种，分别是重水（由氘和氧组成的化合物）、碳和铍盐。图34就告诉我们这种在减速剂中分散的铀颗粒"堆"是怎么运作的。

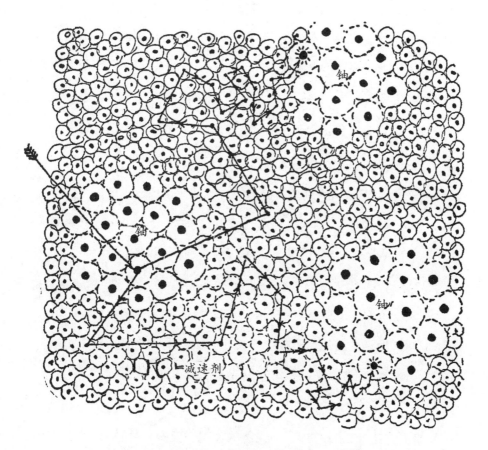

图 34　减速剂中分散的铀颗粒堆是如何运作的

　　这张图看起来很像生物细胞，其实表示的是一团团铀原子（大的原子）嵌入减速剂（较小原子）中，左面的一团中有一个出现了裂变，裂变中产生的中子进到了减速剂内部，在一系列的碰撞中减速。当减速后的中子与另一团铀原子相遇时，速度已经足够缓慢，铀235更容易将其俘获，因为铀235在俘获慢中子时的效率要高于铀238

我们提到过，铀的轻同位素铀235在天然铀中的含量为0.7%，它是唯——种天然物质，可以让链式反应逐渐发展，并且释放出巨大的核能。可这也并不意味着，我们不能人工合成出性质与铀235相同的非自然界元素。

实际上，通过链式反应中裂变物质产生的中子，我们就能够让原子核发生转变，由不能发生裂变转化为可以发生裂变。

第一个出现的例子是上文提到的含有减速剂的反应堆。我们发现，应用减速剂后，铀238俘获中子的能力会变小，小到可以让铀235发生链式反应。虽然如此，还是有一些铀238的原子核把中子俘获到自己那里。那接下来会发生什么呢？

当铀238的原子核得到一个中子后，就会变得更重，成为同位素铀239。但这个新的原子核很不稳定，会有两个电子从里面放射出来，变成一种新元素的原子，其原子序数为94。这就是钚（Pu-239），相比铀235，它更容易发生裂变。

如果用钍（Th-232）这种天然的放射性元素代替铀238发生反应，它在获得一个中子并且释放出电子后，就形成了另一种人造同位素铀233。

因此，从铀235这种天然裂变元素开始，反应循环进行，无论是从理论上还是实际上，天然铀和钍都有变成裂变物质的可能性，成为富集的核资源。

>>> 还有多少能量可用

最后，我们要大概算算到底有多少能量可以让人类用于和平地生活和发展，抑或是自我毁灭。结果是，如果把所有蕴藏在铀矿中的铀235的核能都开发出来，那么全世界的工业产业可以使用这些核能达数年；如果我们把铀238可以变成钚的情况也考虑进来，那么时间会比原来的年数多几个世纪。

我们已知钍的储藏量是铀的4倍，它可以变成铀233，如果我们把这种情况也考虑进来，那么核能使用的时间可达一两千年。任何"原子能匮乏论"肯定都是站不住脚的。

即使我们把这些核能都用尽，而且也没有新的铀矿和钍矿被我们发现，普通的岩石里也可以开发出核能，我们的后人是能够做到这一点的。实际上，和其他元素相同，普通的物质也含有少量的铀和钍。举个例子，每吨花岗岩中铀的含量为4克，钍的含量为12克。乍一看，你肯定觉得这个含量非常少。

不过你可以算一算：1千克裂变物质中的核能和2万吨TNT炸药爆炸的能量是相等的，也和燃烧2万吨汽油释放出的能量相等。因此，每吨花岗岩中有16克铀和钍，其实是可以和320吨普通燃料画上等号的。那我们就不必在意复杂的分离步骤和其他麻烦的过程了，特别是在富矿能源已经用尽的时候。

在物理学家完成了对铀、钍这种重元素的裂变时释放能量的研究之后，又开始了对与之相反的过程，也就是核聚变——质量小的原子聚合成一个重原子核的研究，在这一过程中有大量的能量释放出来。太阳上的氢原子核进行剧烈的碰撞后，合成了比较重的氦核，产生了能量，这一过程就是聚变反应。为了成功进行这种热核反应，让人类得到其中的能量，我们最好选用重氢作为原料，也就是氘。水里有少量的氘存在。氘核包含一个质子和一个中子。当两个氘核进行撞击时，就会发生两种反应中的一种。下面就是这两个反应：

$$2氘核 \rightarrow {}_2He^3 + 中子$$

$$2氘核 \rightarrow {}_1H^3 + 质子$$

上述过程必须在几亿摄氏度的高温下才能实现。

氢弹是第一个能够实现核聚变的装置，是利用原子弹让氘发生聚变实现的。但我们面临的更加困难的问题是如何实现受控热核反应，以提供大量能量，实现和平利用。这其中要克服的主要困难是怎样约束极热的气体。人们设想的是利用强磁场防止氘核与容器壁相接触（要不然容器就会发生熔化和蒸发），并让氘核在中心的热区内停留。

核聚变

如果你看过超级英雄电影《钢铁侠》或者《复仇者联盟》，应该会对电影里面钢铁侠一身动力盔甲的驱动能源——方舟反应堆不陌生。而它的原型，就是苏联科学家在20世纪50年代提出的托卡马克核反应堆。本质上，这就是一个可控核聚变反应堆，只不过现实中还没有人能够制作出来，更别提电影中那一小堆了。

我们已经知道，核聚变发生的温度非常高，至少要1亿摄氏度以上。还没有哪一种已知的材料可以承受这样的高温。所以使用磁场控制等离子体，使其不与容器接触也就成了最有希望实现可控核聚变的途径。但是，如何维持这种磁场的稳定又成了一个难题。近几十年的世界性研究和探索，托卡马克途径的热核聚变研究已基本趋于成熟。但在达到商用目标之前，还有一些科学和技术问题需要进一步探索。

现在，包括我国在内，由多国联合推进的国际热核聚变实验堆计划（ITER）正在朝着这一目标前进，而我国自主实施的"人造太阳"计划也在相关领域进行探索，并取得国际领先的成果。相信在不远的将来，可控核聚变实现，将带给人类一种全新的能源，而不用再依赖石油、煤炭这些化石能源。

无序定律

CHAPTER 3

1

热，无序

如果加热液体，那么悬浮小颗粒疯狂的舞步将变得愈加奔放；如果让液体冷却下来，那么步子就明显迈得慢一些。不用说，这种现象就是由于物质内部的热运动引起的。所以说我们经常用的温度这一概念从根本上来说，就是衡量分子运动激烈程度的标准。

>>> 布朗运动

你把水倒在一个杯子里，仔细观察杯中的液体，你能看到它是清澈均匀的，并不能发现其内部有运动的迹象（当然是在不晃动玻璃杯的情况下）。但我们已知，水出现这种均匀的状态只是从表面上看到的。

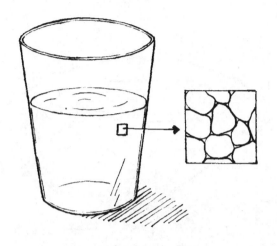

图 35　观察杯中的液体

如果用仪器把水放大到几百倍，就能看到它明显的不连续结构，并且是大规模的独立分子紧紧挨在一起形成的（图35）。

在放大了如此大的倍数之后，我们能清晰地发现水绝对不是静止的。它的分子一直在剧烈地运动，它们来回游走，互相推挤，好像一群情绪激动的人。这种水分子和其他的所有物质进行不规则的运动就是热运动，这个名字来源于热现象。热现象就是热运动直接造成的。

尽管肉眼无法感知分子和分子的运动，但人的各部分器官的神经纤维都能感觉到分子的运动，于是人就感觉到了热。比如，细菌这种远远小于人的生物，它们悬浮在水滴中，热运动作用在它们身上的结果就很明显了。正在进行热运动的水分子从四面八方游过来，不停地推搡这些可怜的细菌，根本停不下来（图36）。

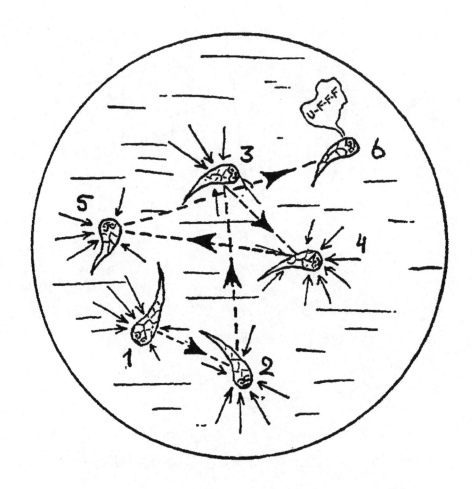

图 36　一个细菌被周围的分子推来推去，移动了 6 个位置

在大约100年前，英国生物学家**布朗**在研究植物的花粉时第一次发现了这种可笑的现象，所以它也叫**布朗运动**。这种运动是普遍存在的，任何液体中悬浮的任何微粒（只要足够细小），我们都能观测到，在空气中飘浮的烟雾和尘埃也有这种现象。

如果加热液体，那么悬浮小颗粒疯狂的舞步将变得愈加奔放；如果让液体冷却下来，那么步子就明显迈得慢一些。不用说，这种现象就是由物质内部的热运动引起的。

所以说我们经常用的温度这一概念从根本上来说，就是衡量分子运动激烈程度的标准。通过对布朗运动和温度之间存在的关系进行研究，人们发现在-273℃时，物质完全停止了热运动。

此时，所有的分子都处于静止状态。那么-273℃肯定就是最低的温度了，也就是绝对零度。

如果有人说还有比这种温度更低的温度，那就很不可理喻了。因为怎么可能有运动比绝对静止更慢呢？

布朗（1773～1858）

英国生物学家。长期从事植物分类研究，他的主要贡献是对澳洲植物的考察，发现了细胞核和布朗运动。

布朗运动

微小粒子表现出的无规则运动。1827年，布朗在花粉颗粒的水溶液中观察到花粉不停顿的无规则运动。他在实验中进一步证实，其他悬浮在液体或气体中的颗粒也表现出这种无规则运动，如悬浮在空气中的尘埃。后人把这种微粒的运动称为布朗运动。

>>> 热熔解

如果分子所处环境的温度接近绝对零度，其所带的能量将变得非常小。这时，分子之间就会有内聚力出现，把这些分子凝聚在一起，变成固态的硬块。这些分子只能在固定的位置附近做轻微振动。

如果温度升高，这种振动的幅度越来越大，直到某个点，分子可以在一定程度上自由运动，并且不被牢牢限制在某个位置附近。此时，这些物质失去了之前凝结时的硬度，变成了液体。

物质发生熔解的温度是由分子的内聚力的强度决定的。有些物质分子间的内聚力很小，比如氢气或者空气（空气主要是由氧和氮组成的），温度无须上升多高，热运动就能把这种内聚力克服掉。

K（开尔文）

开尔文是热力学温标或绝对温标，是国际单位制中的温度单位。开尔文温度常用符号K表示，单位为开。

在14K以下（也就是-259℃）时，氢才能处于固体状态，氧和氮分别在55K和64K（即-218℃和-209℃）时就开始进入液体状态。另一些物质的分子内聚力比较强，因此保持固态的温度也比较高。

例如，乙醇会融化的温度是-114℃，固态水（冰）融化的温度是0℃。还有一些物质保持固态的温度会更高一些：当温度达到327℃时，铅熔解；铁熔解的温度则为1535℃；而稀有金属锇到了2700℃才会熔解。

物质是固体的时候，组成物质的分子紧紧地挨在一起，固定在同一个位置上，但这并不意味着它们不会受到热的影响。

热运动的基本定理中规定，在同一个温度中的物质，不管它是固体、液体还是气体，它们的分子都具有相同的能量；不同之处只不过在于，如此大的能量完全能够让某些物质的分子跑走，离开固定的位置；而对另外的物质而言，分子可以振动，但不能离开原地，就像一只小狗被铁链拴住，在愤怒地狂叫。

固体分子的这种热颤动或者热振动，非常容易被观测到，比如前面提到的X光照片中就出现过。

我们是提到过这一点的：拍摄一张晶格分子的照片需要相当长的时间，因此分子是绝对不能在等待曝光的时间中从自己的位置离开的。它们来回地抖动不但不能让拍摄顺利进行，反而会使照片变得模糊。这也就是照片I那张分子照片显得模糊的原因。

为了拍摄出清楚的图像，我们必须尽可能冷却晶体，一般的方法是把晶体置于液态空气中。如果不这样做，而是把被拍摄的晶体加热，照片会更加不清晰。当温度到了能让物质熔化的时候，分子就会从原来的位置离开，在熔化的液体里毫无规律地运动，到那时就完全不能看到它的影像了（图37）。

图 37 拍摄晶格分子

固体熔化之后，分子仍然会集合在一起。因为热运动带来的冲击虽然足够大到能从晶格上把分子冲撞掉，但并没有大到让它们彻底离开。当温度再升高一些后，分子间的内聚力就不足以维持分子间紧密的联系了。如果没有容器壁阻止分子，这些分子恐怕早就朝着四面八方飞散开了。

这样的话，物质也就转变成为气态。这一过程和固体的熔化类似，不同的物质会在不同的温度汽化。在发生汽化时，内聚力弱的物质需要的温度要低于内聚力强的物质。汽化温度还与液体承受多大的压力联系密切。

显然，外界的压力会帮助分子发生汽化。正因如此，紧紧密封的一壶水沸腾时的温度要比敞口的水高；而在高山上，大气压很低，不用加热到100℃，水就会沸腾。顺带一提，通过测量水在某处沸腾时的温度，就可以把大气压计算出来，那么也就可以知道水所处位置的海拔是多少了。

但是，一定不要像**马克·吐温**在书里那样写的操作啊！他在一篇故事里写到，他在煮豌豆汤的锅里放了一个无液气压计。这样不但无法判断大气压，汤的味道还被气压计上的铜氧化物毁掉了。

马克·吐温的操作

美国作家马克·吐温在其作品《国外旅行记》中写过这样一个故事：几个去阿尔卑斯山远足的人想测量山的高度，有两种方法可以测量出来。一种是通过气压计读数计算出来；另一种是通过温度计测量水的沸点得知。但他们记成了将气压计放进锅里煮，最后气压计被煮坏了，他们没有得到结果。

如果一种物质的熔点很高，它的沸点也会相应很高。液态氢的沸点是–253℃，液态氧和液态氮则分别在–183℃和–196℃沸腾；乙醇沸腾的温度是78℃，铅、铁、锇的沸点要分别达到1620℃、3000℃、5300℃。

>>> 热电解

固体的晶体结构被毁坏后，它所含的分子开始时像毛毛虫一样四处爬行，紧接着又像一群鸟儿在受到惊吓后四散逃脱，但这并不是说热运动的破坏力就到此为止了。如果温度继续攀升的话，它就会让分子本身的存在面临巨大的挑战。因为这个时候分子间会发生猛烈的撞击，这就有可能把分子撞裂成原子。

这种过程又叫热电解，它的发生温度取决于分子内的强度；当温度达到几百摄氏度时，有些有机化合物就会分解为独立的原子或原子群；另一些就要坚固得多了，像水分子达到1000℃以上才会瓦解。不过，如果温度已经升高到几千摄氏度，哪还有什么分子，整个世界就将变成各种原子的气态混合物（图38）。

太阳的表面温度为6000℃，就会出现这样的情况。但还有一些红巨星的表面温度比太阳要"凉"一点儿，在那些行星的大气层中，就有分子存在的一些身影，我们都能通过分析证实这种猜测。

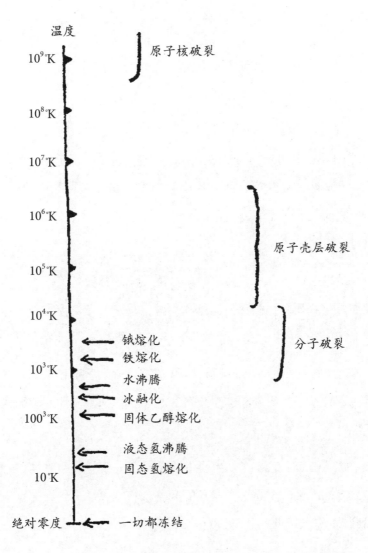

图 38　温度带来的毁灭

>>> 热电离

高温环境中，分子被猛烈的热碰撞分解成了原子，原子自身所带的外层电子也会被剥离掉，这一过程叫热电离。

如果温度到了几万摄氏度、几十万摄氏度、几百万摄氏度这样的条件（这已经远远超过实验室中可以达到的最高温度，但在太阳这样的恒星中则十分稀松平常），热电离就逐渐发挥主导作用。最后，原子也就消失了，所有的电子都被电离出来，只剩下包含着一堆什么都没有的原子核混合着自由电子的物质，在空间中四处奔跑乱撞。

虽然这些一个个单独的原子被高强度地摧毁，只要原子核还是完整的，物质就还能保持其基本化学性质。一旦温度降低，原子核就能把电子重新拉回来，再次形成完整的原子。

为了把物质彻底热裂解，把原子核分解为质子和中子，温度要提高到几十亿摄氏度。连温度最高的恒星内部都不能发现如此高的温度。

大概在几十亿年前，当我们的宇宙还处于年轻的时候，存在过这么高的温度。至于这个有趣的问题，将在《从一到无穷大——宏观世界》第五章进行讲解。

这样，我们就发现了，量子力学构建起来的精致的物质结构被热冲击一点一点破坏掉，而这座宏大建筑物就变成了一通乱跑、找不到任何规律的粒子。

怎样描述无序运动 2

当你用显微镜观察在水中进行布朗运动的微粒时，你可以把注意力都集中在某个时刻处在同一个范围内（也就是靠近"灯柱"）的微粒。随着时间的推移可以发现，它们渐渐散开，停留在视场中的任何一个角落，而分布的位置与原本区域的距离同时间的平方根成正比，和我们在醉汉公式里看到的结果一样。

>>> "醉汉走路"问题

如果你因此认为，热运动既然如此不规则，我们无法用任何物理语言对其进行描述的话，那就错得离谱了。有一类规律叫作无序定律，或者称为统计定律，它可以用来描述无规则的热运动。为了能把这个定律理解清楚，我们先来看看著名的"醉汉走路"问题。假设有一个醉汉靠在了广场的灯柱上（没有人知道他是在什么时间通过什么方式跑到这里的），决定随意走两步。

我们来看看他是怎么走的：他开始先向着一个方向前进几步，然后换个方向再向前几步，就这样，他每走几步就任意调转一个方向（图39）。在这位先生弯弯曲曲地走了一段路，比如拐了100次弯以后，他与灯柱之间是多长距离呢？

乍一看，每一次拐弯前我们都无法预知接下来的情况，这个问题似乎是解答不出来的。可如果仔细思考一下，我们就会知道，尽管我们不能确定这个醉汉在走完一段路后到底会处在哪个位置，但我们可以预测在他走完了这么多的路后与灯柱之间最有可能的距离是多远。

我们可以通过严谨的数学方法来把这道题解答出来。以广场上的灯柱为原点，建立一个坐标系，X轴指着我们，Y轴指着右方。R是醉汉在转了N个弯后（图39中N为14）距离灯柱的长度。若X_n和Y_n分别表示醉汉所走的路线的第N个分段投影在对应的两个轴上的距离，由勾股定理得出：

$$R^2 = (X_1+X_2+X_3+\cdots+X_n)^2 + (Y_1+Y_2+Y_3+\cdots+Y_n)^2$$

这里的X和Y可以是正数，也可以是负数，由这个醉汉在他走的路程中距离灯柱远近来定。有一点要注意，既然他的运动完全没有规律，因此X和Y的取值中，正数的个数应该和负数的个数差不多。现在，我们根据数学中的运算法则把上面的式子展开，也就是把两

图 39 醉汉的路线

个括号中的每一项相乘，就得到了：

$$(X_1+X_2+X_3+\cdots+X_n)^2$$

$$=(X_1+X_2+X_3+\cdots+X_n)\ (X_1+X_2+X_3+\cdots+X_n)$$

$$=X_1^2+X_1X_2+X_1X_3+\cdots+X_2^2+X_1X_2+\cdots+X_n^2$$

这一长串数字中有X的所有平方项（$X_1^2,X_2^2,\cdots,X_n^2$）和"混合积"X_1X_2、X_2X_3，等。

目前，我们只是在进行数学运算。接下来就要涉及统计学知识了。由于醉汉是进行没有规律的运动，他既可以朝向灯柱走，也可以背离灯柱走，因此X的取值，正数和负数各占一半。

所以总能在"混合积"里找到数值相等，符号相反的数对，这些数对可以互相抵消；N的值越大，就越能彻底地抵消掉。只有那些永远是正数的平方项能够留下来。这样结果就变为：

$$X_1^2+X_2^2+\cdots+X_n^2=NX^2$$

X为各个线段路程投影在X轴上的长度取平均值。

同理，第二个括号内的式子也能简化为NY^2，Y是线段路程投影在Y轴上的长度的平均值。还要在这里强调一下，我们并不是在进行严谨的数学运算，而是运用统计规律进行推算，也就是基于运动是任意的考虑，认为"混合积"内部是可以抵消的。我们计算出来醉汉距离灯柱的可能出现的距离是：

$$R^2=N\ (X^2+Y^2)\ 或R=\sqrt{N}\cdot\sqrt{X^2+Y^2}$$

但是各路程的平均投影与两根轴的夹角均为45°，所以$\sqrt{X^2+Y^2}$就是平均距离（还是通过勾股定理证明）。用1来表示这个平均距离，可得到：

$$R=1 \cdot \sqrt{N}$$

通俗的解释就是，这个醉汉在走了许多弯弯曲曲的路后，距离灯柱最可能的长度是各段路的平均值乘以路的总段数的开平方根。

因此，如果这个醉汉每前进1米就（向任意方向）转一个弯，那么，在他前进了100米的路程后，他最有可能距离灯柱10米；如果他是直直地前进，那么就离开了100米那么远。所以说，在走路时保持清晰的头脑还是会有很高的效率的。

上面这个例子让我们发现了统计规律具有的属性：它无法预测每种情形下的精确距离，但可以估计出最有可能出现的结果。

如果有一个醉汉真的能够笔直走路不拐弯（虽然我们很难找到这样的人），他就会按照直线的方向离开灯柱。如果还有一个醉汉每次转180°，他就会离开灯柱又转回去，如此反复。

但是如果有一大群醉汉从同一个起点也就是灯柱出发，走自己的路并且互不干扰，在一段时间之后你将发现，他们会遵循刚才所说的规律在灯柱四周的广场上分散着。

如图40所示，六个醉汉正在毫无规律地前进时的位置是这样的。随着醉汉的数量和没有规律的拐弯次数增加，上述规律也更加精确。

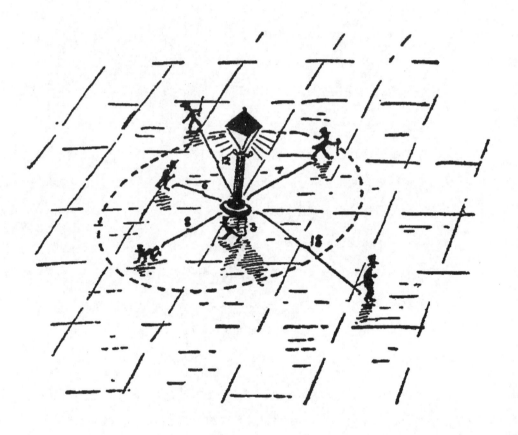

图 40 灯柱附近六个醉汉的分布

如果我们用一批很小的东西替代一群醉汉，比如用在液体中悬浮的植物花粉或者细菌代替他们，这就是生物学家布朗做实验时用显微镜看到的。花粉和细菌当然不会喝酒，但我们曾提到过，它们被四周分子的热运动所影响，不断被推挤向各个方向，运动的路径也就变得弯弯曲曲，很像酒精影响下找不到北的醉汉。

>>> 水中的无序定律

当你用显微镜观察在水中进行布朗运动的微粒时，你可以把注意力都集中在某个时刻处在同一个范围内（也就是靠近"灯柱"）的微粒。随着时间的推移可以发现，它们渐渐散开，停留在视场中的任何一个角落，而分布的位置与原本区域的距离同时间的平方根成正比，和我们在醉汉公式里看到的结果一样。

当然，这条定律也可以在水滴中的任何一个分子中应用。只是人们无法看见其他的单个分子，就算是看见也并不能辨别它们。因此，我们可以使用两种不同的分子来观察它们的运动，并以它们的区别（如颜色）作为观察参照。在一根试管中注入一些颜色鲜亮的紫色高锰酸钾溶液到试管的 $\frac{1}{2}$ 处，然后再把一些清水也注入试管中，注意不要混合这两种溶液。

通过观察，我们会发现试管中的紫色溶液慢慢地进入清水中。如果等待足够长的时间，就可以观察到所有的液体从上到下都会统一变成均匀的紫色。这就是大家熟知的扩散现象，它是由于高锰酸钾分子在水中进行没有规律的热运动而产生的（图41）。

我们可以进行这样的设想，每个高锰酸钾分子都是一个小醉汉，周围的分子在不停地冲撞它。水分子之间的距离非常小（相对于空气分子来说），因此两次连续的碰撞之间所间隔的平均距离（平均自由程）很短，大约为亿分之一英寸（1英寸约2.5厘米）。而在室温中，分子的速度大约为0.1英里/秒（约160米/秒）。所以每一万亿分之一秒中，就会有一个分子发生一次碰撞。

所以说1秒之内，单个染料分子可能会上亿次地被碰撞并改变方向。它的扩散速度为每秒0.01英寸，计算方法是，用平均自由程亿分之一英寸乘以1万亿的平方根。和没有碰撞时分子的速度（每秒0.1英

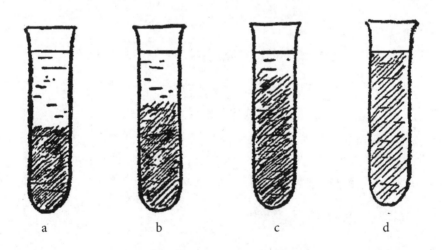

图 41　在试管中注入一些高锰酸钾溶液，
观察高锰酸钾溶液的扩散过程

里）相比，这种扩散速度依然是比较慢的。100秒之后，分子才能运动10倍（$\sqrt{100}=10$）长的距离；要经过10,000秒，也就是大概3个小时的时间，颜色才会扩散100倍的距离（$\sqrt{10000}=100$），也就是1英寸。

由此看来，扩散的过程确实相当慢。所以如果要把糖加进茶里，还是要用勺子搅动一下，不然等着糖分子自行运动到各处得需要很长的时间。

>>> 金属中的无序定律

还有一个扩散的例子也可以供我们参考：分子物理学中最重要的一个过程是热火钳的传导方式。把一根铁制火钳的一端插入火中，根据生活经验，要经过很长一段时间另一端才会烫手。但你大概不知道，火钳中的热量是靠电子的扩散传递的。

不论是火钳还是其他的金属，在它们内部都存在很多电子。这些电子不同于玻璃这样的非金属中的电子，它们是原本位于外电子壳层的电子，能够在原子外的金属晶格中游来游去。因此，它们可以参与没有规律的热运动，同那些在气体中的微粒一样。

电子受到来自金属物质外表面层的作用力，无法从金属中逃离，但却可以在金属物质内部随意走动。如果把电场作用力施加在金属线上，那么这些可以自由运动的电子将向着电场作用力的方向迅速跑过去；而非金属的电子则只能待在原子上，被限制了运动的自由，这就是大多数金属是良好的绝缘体的原因。

将金属棒的一端置于火中，在这一端的自由电子就会不断加剧热运动的进行。于是，这些电子就携带着过多的热能高速运动，向其他区域扩散。

这个过程和染料分子在水中扩散的情况很像，只不过这里出现的是同一种微粒，也就是热电子气扩散到了冷电子气所在的位置。醉汉定律在这里同样适用，热在金属棒扩散的长度正比于对应时间的平方根。

>>> 太阳内部的光量子运动

最后，再举一个与前面两个完全不同的例子，它在宇宙层面上具有深远的意义。在《从一到无穷大——宏观世界》第五章中会提及，太阳的能量是在它深处的核反应中产生的。这些能量在进行释放时，采取的是强辐射的形式。释放的这些"光微粒"（光量子）运动的轨迹是从太阳内部到表面。光的速度为每秒300,000千米，太阳的半径为700,000千米。所以，如果光量子的轨迹是直线，最多用2秒多一点儿的时间就能从内部走到表面。

可事实上，光量子在向表面运动时，要撞击到太阳内部数不清的原子和电子。光量子在太阳内的自由程要比分子的自由程长，大约为1厘米，太阳的半径是70,000,000,000厘米。所以光量子想要到达表面，需要拐$(7 \times 10^{10})^2$也就是5×10^{21}个弯。而每一段路需要花费的时间是$\dfrac{1}{(3 \times 10^{10})}$即约等于$3 \times 10^{-11}$秒，而走完整段路程的时间为$3 \times 10^{-11} \times 5 \times 10^{21} = 1.5 \times 10^{11}$秒，也就是5000年左右！我们又一次看到扩散过程的速度之慢。光要花50个世纪的时间才能从中心走到表面，而从太阳表面走直线到达地球，却只需要8分钟！

3

计算概率

　　总结一下，如果要想得到"既有某个事件，又有某个事件，还有某个事件……"的概率，就需要把这些事件独立发生的概率相乘；如果想要得到"或者发生某个事件，或者发生某个事件，或者发生某个事件……"的概率，就应把这些事件发生的概率相加。

>>> 抛掷硬币问题

　　上一节是一个关于扩散的讨论，这只是一个在分子运动中引用概率统计定律的简单例子。接下来我们将要进行更为深入的讨论，以了解其中最重要的熵定律。这个定律是可以概括物体（从一滴液体到由恒星组成的宇宙）的热行为的定律。不过在这之前，我们首先要对计算各种或简单或复杂的事件发生的机会（也就是概率）的方法进行学习。

没有比掷硬币更简单的概率问题了。大家肯定知道，抛出的硬币正面朝上的概率等于反面朝上的概率（当然前提是不作弊）。我们把这种正反面分别出现的可能性称为对半开的概率。如果求正面的概率和得到反面的概率之和，就得到$\frac{1}{2}+\frac{1}{2}=1$。在概率论中，整数1表示的是事情必然会发生。在投掷硬币时，自然可以非常肯定地得出不是正面就是反面。当然，如果硬币滚到床下不能找到，那就是另一种情况了。

假如现在连续抛掷两次硬币，或者同时把两枚硬币抛掷起来（这两种情况是等效的），那么就会出现4种不同的可能性，如图42所示。

第一种可能性是抛掷得到两个正面，最后那种是得到两个反面。中间的两种可能性事实上是一样的，因为第一次是正面或者第一次是反面（或者哪枚是正面，哪枚又是反面）对结果并没有影响。

所以结果是，得到两次都是正面的机会与4种可能性之比是$1:4$，即$\frac{1}{4}$；得到两个反面的概率也是$\frac{1}{4}$；得到一正一反的机会与四种可能性之比是$2:4$即$\frac{1}{2}$。$\frac{1}{4}+\frac{1}{4}+\frac{1}{2}=1$，这就是说，每次抛掷必然出现三种情况其中之一。我们再研究一下3个硬币的情况，就会得到这样的结果，如下表：

146

图 42 抛掷两枚硬币的 4 种可能性

第一枚	正	正	正	正	反	反	反	反
第二枚	正	正	反	反	正	正	反	反
第三枚	正	反	正	反	正	反	正	反
	I	II	II	III	II	II	III	IV

根据这张表中所显示的，可以发现有 $\frac{1}{8}$ 的概率能够得到3枚硬币都是正面的情况。同样，3枚硬币都是反面的概率也是 $\frac{1}{8}$。另外，还有两正一反和两反一正两种情况，并且出现这两种情况的概率均为 $\frac{3}{8}$。

这种表会快速变长，不过4枚硬币的情况我们还是可以枚举出来的。这时有16种可能性，如下表：

第一枚	正	正	正	正	正	正	正	正	反	反	反	反	反	反	反	反
第二枚	正	正	正	正	反	反	反	反	正	正	正	正	反	反	反	反
第三枚	正	正	反	反	正	正	反	反	正	正	反	反	正	正	反	反
第四枚	正	反	正	反	正	反	正	反	正	反	正	反	正	反	正	反
	I	II	II	III	II	III	III	IV	II	III	III	IV	III	IV	IV	V

其中出现四个都是正面的概率为 $\dfrac{1}{16}$，和出现四个都是反面的概率一样多。三个正面一个反面和三个反面一个正面的概率各有 $\dfrac{4}{16}$，也就是 $\dfrac{1}{4}$ 的概率，得到正面和反面相等情况的概率为 $\dfrac{6}{16}$，即 $\dfrac{3}{8}$。

如果用这种方法掷更多的硬币的话，表格就会变得更长，甚至用完你所有的纸。例如，掷10枚硬币出现的可能性有1024种（即 $2×2×2×2×2×2×2×2×2×2$）。

但我们完全不需要一个一个地举出来写完表格，应用前面列过的这几张较为简单的表格，就可以总结有关判断概率大小的计算方法，在较复杂的情况中直接去计算就好了。

首先，我们注意到，掷两次硬币出现的都是正面的概率等于第一次得到正面的概率乘第二次得到正面的概率，具体说来就是 $\dfrac{1}{4}=\dfrac{1}{2}×\dfrac{1}{2}$。

同样，连续出现三个正面和四个正面的概率等于每次投掷硬币出现正面的概率相乘得到的积：

三个正面：

$$\dfrac{1}{8}=\dfrac{1}{2}×\dfrac{1}{2}×\dfrac{1}{2}$$

四个正面：

$$\dfrac{1}{16}=\dfrac{1}{2}×\dfrac{1}{2}×\dfrac{1}{2}×\dfrac{1}{2}$$

因此，若有人问你抛10次硬币会有多大可能出现10次都是正面的情况，不用犹豫，结果就是把$\frac{1}{2}$乘上10次的那个数，也就是0.00098。这个数字说明了出现这种情况的概率很小，大概是1‰！这就是概率相乘法则。

解释一下就是，如果你需要知道几件事同时发生的概率是多少，你可以把每一件事单独做成的概率相乘，就能得到总的概率。如果你需要做很多件事，但是又不能保证每一件事肯定能完成，那让它们全部完成的概率实在是小得可怜。

另外，还有一个概率相加法则，它的内容是：如果你只是想让这几件事中的一件（任何一件都行）发生，这个概率就和各个事件单独完成的概率相加得到的结果是一样的。

抛掷两次硬币得到一次正面一次反面的例子把这条法则展现得淋漓尽致：你所需要的不论是"先正后反"还是"先反后正"，这两个事件独立发生的概率都是$\frac{1}{4}$，因此出现其中任何一个事件的概率就是$\frac{1}{4}+\frac{1}{4}=\frac{1}{2}$。

总结一下，如果要想得到"既有某个事件，又有某个事件，还有某个事件……"的概率，就需要把这些事件独立发生的概率相乘；如果想要得到"或者发生某个事件，或者发生某个事件，或者发生某个事件……"的概率，就应把这些事件发生的概率相加。

在前一种，即所有事件都发生的需求下，事件需求量越多，实现的可能性越小；而后一种只要其中某一事件发生时，可供选择的事件数量越多，得到满足的可能性越大。

随着实验次数的增多，概率定律的精确性也会提高。掷硬币的实验就非常符合这一点。

图43展示的是投掷硬币的次数为2次、3次、4次、10次和100

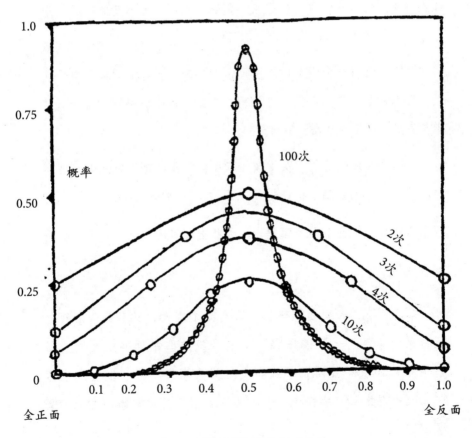

图 43　正反两面得到的相对次数

次，出现正面还是反面的情况的分布概率。其中掷的次数越多，概率曲线就变得越集中，正、反面符合对半开的概率的极大值也越明显。

因此，在抛掷硬币的次数为2、3、4次时，硬币全是正面或反面的机会仍然不可忽略。在掷抛了10次硬币时，也很难出现90%是正面或者是反面的概率。

如果抛掷次数增加，比如达到了100或1000次，概率曲线最高的地方如一根针一样，即使在对半开的点稍微有一点点方向上的偏离，这种情况在实际中也是不可能发生的。

>>> 同花牌问题

现在，我们把刚才学到的概率计算法则应用在一种被很多人知道的扑克牌游戏中，推算五张牌构成各种组合概率是多少。

可能你没有玩过这种纸牌游戏，我们就先简单地说明一下规则：每人摸5张牌，那个得到最好的组合牌型的人就是赢家。这里我们把打牌过程中为了凑成好的牌型会有纸牌的交换而出现复杂情况略去不谈，也不讨论靠唬人让对方误以为你得到一手好牌的自动认输的心理——虽然这才是这个游戏的核心。

玻尔（1885～1962）

丹麦物理学家。他通过引入量子化条件，提出了玻尔模型来解释氢原子光谱；提出互补原理和哥本哈根诠释来解释量子力学。他是哥本哈根学派的创始人，对20世纪物理学的发展有深远影响。

依据这个核心，著名丹麦物理学家**玻尔**发明了一种新的玩法：在玩游戏的时候根本不用真实的纸牌，参加者只要说出自己脑中的组合，并互相蒙骗就行。那就完全不在概率计算研究的范围内，而变成纯粹的心理学问题了。

我们还是回过头来，计算一下扑克牌达成某些组合的概率。有一种叫"同花"的组合，即五张牌的花色是一样的（图44）。

如果想要凑成一副同花牌，第一张是什么花色都可以。只要计算另外4张牌和第一张牌的花色是一样的概率就可以。

一副牌共有52张正牌（还有2张副牌大王和小王），每一种花色有13张。当你摸出第一张牌后，你摸到那个花色的牌就剩下12张。

因此，第二张是同一花色的概率是$\dfrac{12}{51}$。

同样，第三、第四、第五张的花色和前面的牌是一样的概率是$\dfrac{11}{50}$、$\dfrac{10}{49}$、$\dfrac{9}{48}$，既然我们想要得到5张牌的花色是一样的，就要把概率相乘。得到一手同花的概率为：

$$\frac{12}{51} \times \frac{11}{50} \times \frac{10}{49} \times \frac{9}{48} = \frac{11880}{5997600} \approx \frac{1}{500}$$

但是，你不要误认为只要玩500次牌，就一定有一次机会得到同花。你可能摸到同花的机会一次都没有，但也可能会有两次摸到的机会。因为这里我们的计算仅仅得出了可能性的大小。

有可能你连续摸牌500多次，都摸不到一次同花；也有可能你第一次就能摸到同花。概率论仅仅能告诉你，在500次游戏中可能会遇到1次同花。同理，你也可以算出，在游戏达到3000万次时，得到5张A（包括大小王牌在内）的机会可能为10次。

图44　同花（黑桃）

>>> 福尔豪斯问题

还有一种组合更加少见，因而也更宝贵，被称作福尔豪斯，也叫"三头两只"。它包括一个"三条"和一个"对"（即有三张牌同一点数，另外两张为相同点数，如图45所示）。

摸到福尔豪斯时，前2张牌可以是任意点数，但后3张牌中的两张牌应该和前面摸到的其中一张牌的点数一样，第三张与前面摸到的两张中的另外一张牌的点数一样才行。

图 45 福尔豪斯

因为还有6张牌没有摸到，（如果摸到的前两张牌是5和Q，那么就还有3张5和3张Q没有摸到）所以第三张牌能够凑成福尔豪斯的概率是 $\frac{6}{50}$。

在剩下的49张牌中就还有5张牌可以凑成福尔豪斯，所以第四张也合格的概率为 $\frac{5}{49}$，那么第五张牌满足条件的概率为 $\frac{4}{48}$。因此，得到福尔豪斯的概率为 $\frac{6}{50}\times\frac{5}{49}\times\frac{4}{48}=\frac{120}{117600}$，**差不多是同花概率的** $\frac{1}{2}$。

与此类似，我们还能算出顺子（也就是摸到点数连续的5张牌）等其他组合出现的概率，以及算出大小王牌包括在内时其他情况的概率。

这些计算结果让我们注意到，你手中一副牌是好是坏正是对应着它的数学概率的。这究竟是由过去某个数学家计算后规定的，还是靠几百万个赌棍在全世界的各个奢华或者破旧的赌场中，一次又一次冒险而总结出的经验呢？我们就不知道了。如果真的是从赌棍那里总结出来的，我们得承认，这种研究复杂事件的相对概率的统计问题实在是非常有用的！

福尔豪斯的实际概率

实际概率要小于这个结果，因为其中包含了四条的情况，即有四张相同。四条的概率为

$$2\times\left(\frac{6}{50}\times\frac{5}{49}\times\frac{4}{48}\right)$$

$$=\frac{120}{117600}。减去这个值后$$

得到福尔豪斯的概率为

$$\frac{120-12}{117600}=\frac{108}{117600}。$$

>>> 生日重合问题

还有一个有趣而出人意料的概率计算的例子，就是所谓"生日重合"的问题。你可以回想一下，你有没有在同一天接受两份生日派对的邀请？

或许你觉得这种可能性微乎其微，因为会请你去参加他们的生日派对的朋友大概有24个，可是一年有365天！既然有这么多可以选择的日期，你的24个朋友中有两个人是同一天生日的概率一定会极其小。

然而，这种想法是完全错误的！尽管这听起来非常难以置信，但实际上，24个人里有两个人是同一天生日，甚至有几对两个人在同一天过生日的概率非常高，比一对都没有的概率还要大。

如果你想证明这个问题，你可以在一个表中列出24个人的生日，或直接从诸如《美国名人录》这类书中随便选出一页，在这一页上选出任意24个人。当然，我们也可以把适用于抛掷硬币和纸牌游戏中的概率法则拿过来，算出这道题的概率。

我们可以先把这24个人的生日都不在同一天的概率算出来。第一个人的生日是这一年中的任意一天。

那么，第二个人与第一个人的生日不在同一天的概率是多少呢？第二个人的生日也可以是任何一天，也就是365个中有一个可能是与第一个人出生在同一天，有364个可能是不同的（即概率为 $\frac{364}{365}$）。那么同理，到了第三个人，他和前两个人的生日没有重合的概率为

$\frac{363}{365}$（363是从一年中去掉了两天得到的）。再往后数，其他人生日不与前面任何一个人生日重合的概率依次为 $\frac{362}{365}$、$\frac{361}{365}$、$\frac{360}{365}$ 等，最后一个人的概率为 $\frac{(365-23)}{365}$，即 $\frac{342}{365}$。

把这些分数依次乘起来，得到的概率就是所有人的生日都不在同一天的概率，结果为：

$$\frac{364}{365} \times \frac{363}{365} \times \frac{362}{365} \times \cdots \times \frac{342}{365}$$

用高等数学的积分运算方法就能把这个乘积计算出来。如果你没学过的话就只能吃点儿苦一步步地乘出来。用不了多长时间，就可以计算出结果来，约为0.46。

这说明生日都不在同一天的概率比一半稍微小一点儿；换句话说，你的24个朋友中，没有两个人同一天过生日的概率为46%，那么反过来，存在这种情况的概率是54%。

所以，如果你有25个以上的朋友，但是并没有被邀请去参加同一天的生日派对，那你就完全可以断定，要么他们大多数人都不怎么庆祝生日，要么就是他们压根没有邀请你参加！

这个生日重合问题非常能够说明问题，它告诉我们在判断复杂事件的概率时，仅凭直觉是非常不靠谱的。我曾问过许多人这个问题，这些人中还有很多科学家。结果，除一个人外，其他人都下了从 $\frac{1}{2}$ 到 $\frac{1}{15}$ 的赌注进行打赌，认为不会发生生日重合的情况。如果某个人跟他们都打了赌，是可以靠这个发家的！

但是我们在这里要不断强调一个问题：尽管我们可以计算不同事件的发生概率大小，并能找到最大的概率，但这并不是说符合最大概率出现的情况就肯定会发生。

我们只能用推测的话说"大概"会怎么样，但不可以说"肯定"会发生什么。"肯定"只有在实验重复做上千遍、上万遍才可以说，当然如果遍数达到上亿就更完美了。如果只是进行几次实验，概率定律就不会那么准确了。

>>> 密码破译问题

埃德加·爱伦·坡（1809～1849）

美国诗人、小说家、文学评论家。代表作品《黑猫》《厄舍府的倒塌》，诗《乌鸦》等。

现在，我们再来看一个例子，这是有关试图用统计规律对一小段密码进行破译的故事。**爱伦·坡**写过一部小说叫《金甲虫》，在这本书中，有一位先生名叫勒格让。勒格让在南卡罗来纳州的沙滩上散步时看到一张羊皮纸被埋在潮湿的沙子里，露了一半出来。

正常温度的情况下，这张羊皮纸上面什么也没有，但勒格让先生把它放在房间里的火炉上烤了一会儿后，就有清楚可见的红色神秘符号显现了出来。其中最明显的是有一个人的头骨，表明手稿曾经归属于一个海盗，上面还有一个山羊头，表明了这个海盗是著名的船长基德。

纸上还写着几行符号，毫无疑问这是在说明一处宝藏的埋藏地点（见图46）。

我们就先尊重爱伦·坡的看法，承认17世纪的海盗是可以认出来分号、引号、‡、+、¶等现在我们常用的符号。

勒格让先生很想获得这笔宝藏。于是他便想方设法把这段密文破译出来。想来想去，他觉得英文中字母出现的相对频率可以翻译这段密码。

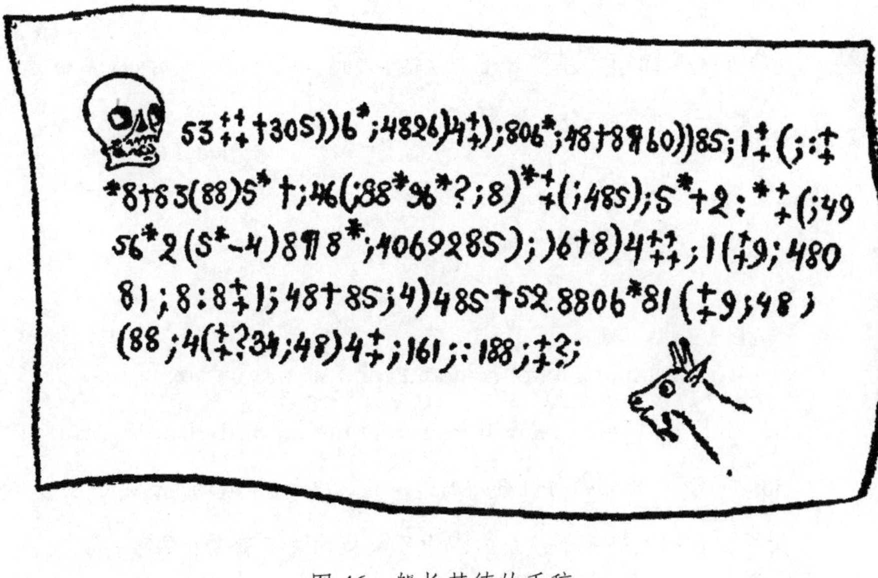

图 46　船长基德的手稿

莎士比亚（1564 ~ 1616）

英国文学家，戏剧家，诗人。流传下来的作品有37部戏剧，154首十四行诗，2首长叙事诗。主要作品有《奥赛罗》《哈姆雷特》《李尔王》和《麦克白》。

华莱士（1875 ~ 1932）

英国犯罪小说家、剧作家。主要作品有《神秘坟墓》《九尾猫》等。

他这么做的原因是：在文学作品中任意选一篇**莎士比亚**的十四行诗或者**是华莱士**的推理小说，把其中各个字母出现的次数数出来，你将发现，字母e出现的次数远超其他字母。

其余字母的出现次数按照从大到小的顺序排列，如下：

a, o, i, d, h, n, r, s, t, u, y, c, f, g, l, m, w, b, k, p, q, x, z。

勒格让又数了数基德船长所写的密码，查出出现次数最多的是8。"噢！"他想，"8大概是e了。"

是的，这一点他是猜对了。同样的是，只是很有可能，而非一定。如果这段密文的原文是：

You will find a lot of gold and coins in an iron box in woods two thousand yards south from an old hut on Bird island's north tip.（在鸟岛北部的旧树屋的南边，距离鸟岛2千码的地方有一个树林，在那里的一个铁箱内，你可以找到许多黄金和钱币。）

这段话中一个e也没有！好在概率论让勒格让先生猜对了。

第一步正确了，勒格让先生增强了信心，他就用相同的方法把这段密码中的字母出现的次数也列了出来。下面就是将基德船长手稿中的各符号出现的频率按顺序排列出的表。

符号	出现次数	按概率排列顺序	实际字母
8	33	e	e
;	26	a	t
4	19	o	h
‡	16	i	o
(	16	d	r
*	13	h	n
5	12	n	a
6	11	r	i
†	8	s	d
1	8	t	
0	6	u	
g	5	y	
2	5	c	
i	4		
3	4	g	g
?	3	l	u
¶	2	m	
-	1	w	
.	1	b	

　　表中第三栏是根据各字母在英语中由高到低的出现频率排列出来的。我们可以合理地假设第一栏中的各符号是对应同一行的字母的。但是对应的话，基德船长的手稿就被翻译成ngiiugynddrhaoefr…

　　这可是一堆乱码，没什么含义！

　　这是什么情况？是不是基德这个老海盗使用了一套不同于英文字母出现频率的特殊语法呢？其实不是这么回事。真正的原因是，这段密码太短了，导致统计学的最大概率分布规律不能很好地适用于它。

　　如果基德船长埋藏他的珍宝时用了一种很复杂的方法，然后用好几页纸的密文记录埋藏地点，勒格让先生就更有可能用概率规则来解密。如果这段密文有一本书那么长，那就更没有问题了。

　　如果抛掷100次硬币，正面朝上的次数可能有50次；但如果只抛掷4次，正面朝上的次数就可能是3或者1。概率定律的准确性会随着实验次数的增多而增多，这时它才是一条法则。

　　由于这篇密文的字数过于少，以至于统计法不能分析它，勒格让先生只好换一种破译的方式，用英文中的单词的结构来破译。首先他仍然设想出现次数最多的"8"为字母e，因为他发现，"88"的组合在经常出现在这段文字中，次数达到5次。

　　而e在英文中是经常成对出现的，如meet，fleet，speed，seen，been，agree等。而且如果"8"真的对应e，那么它一定会组成单词"the"，并且在文中经常出现。再仔细寻找一下，就会发现"；

48"这个组合在密码中出现的次数为7次，因此我们假设"；"是t，"4"是h。

读者可以尝试自己破译爱伦·坡的故事中基德船长的密文。这里给出原文和译文：

A good glass in the bishop's hostel in the devil's seat. Forty-one degrees and thirteen minutes northeast by north. Main branch seventh limb east side. Shoot from the eye of the death's head, a beeline from the tree through the shot fifty feet out.（在主教的驿站里，有一座魔像，在其座位下有一面完好的镜子。在北偏东41°13′的方向上，主干上向东的第七个树枝上，在骷髅眼睛的地方开一枪。从那棵树开始，沿着子弹射出的方向向前走50英尺。）

勒格让先生经过破译后，把得到的字母写在表格中的最右一栏。这个分布结果与概率定律所确定的字母对应相差不小，主要原因就是这篇密文太短了，概率定律不能很好地找到规律。不过，在如此小的"统计样品"中，我们也发现了，各个字母还是有按概率的规律排列的倾向，一旦字母的数目达到了一个很大的值，这种倾向就成了一个既定事实。

>>> 星条旗与火柴问题

我们只能举出一个经过大量的实验来验证的概率定律的例子，这就是大家都知道的星条旗与火柴的问题（还有一个实例是：保险公司很难破产问题）。

在进行这个概率问题的验证过程中，我们需要一面美国国旗，也就是红色的线条和白色的线条相间的旗子。如果找不到这种旗子，也可以在一张很大的纸上，画上若干条平行线，这些平行线之间的距离是相等的。再准备一盒火柴，什么样的都可以，只要火柴棍比平行线之间的距离短就行。

此外，在验证过程中还会用到希腊字母 π。这个字母有另外一层含义，它是圆的周长与直径的比。如果你不知道它的话，这个值是3.1415926535…（还有很多位数，但是不需要再写下去了）。

现在在一张桌子上把旗子铺开，从火柴盒里拿出一根火柴，随意地扔在旗子上（图47）。火柴既有可能在一条带子里落下，也有可能压在两条带子上，那么这两种情况各有多大的可能会发生呢？

如果我们想把这个概率算出来，方法和其他问题类似，我们首先要知道各种情况发生的次数各为多少。

但是，火柴不是会以各种样式落在旗子上吗？我们又怎么能数得清到底有多少种呢？

现在，我们再来仔细地思考一下。火柴落在条带上的各种样式和两个方面有关，一方面是火柴中心点与离它最近的条带边界之间

图 47　在星条旗上扔火柴

的距离，另一方面是火柴与条纹所成的夹角。图90展示了可能出现的三种类型。

为了简化计算，我们可以假设火柴长度等于条纹的宽度，比如都是2厘米。如果火柴中心点到条带边界的距离很近，所成的夹角又较大（如例a），火柴与边界是相交的关系。如果是相反的情况，要么角度小（如例b），要么距离远（如例c），火柴就只会完全落在一条带子中。

准确的表述就是，如果火柴长度的一半在竖直方向上投影和从火柴中心点到距离最近的边界的长度相比，前者大于后者，则火柴是相交于边界的（如例a），反之它们是不相交的关系（如例b和例c）。

图48中下部的图可以表示这句话。横轴表示的是火柴落下来时和条带所成的角度，单位是弧度，纵轴是火柴一半的长度沿竖直方向投影时出现的长度。

在三角函数中，这个被称为给定角度的正弦。当角度等于零时，正弦值也等于零，因为此时火柴的方向是水平的。**当角度等于 $\frac{\pi}{2}$ 时，也就是火柴与条带所成的角度是直角时**，火柴竖直，重合于它的投影，正弦值等于1。而在这两个极端的角度之间的其他角度，它的正弦值可以在大家熟知的正弦曲线中找到。

当角度等于 $\frac{\pi}{2}$，火柴与条带成直角

圆的半径为1，其周长与直径的比值为 π，因此周长为 2π。那么弧长的四分之一就是 $\frac{\pi}{2}$。

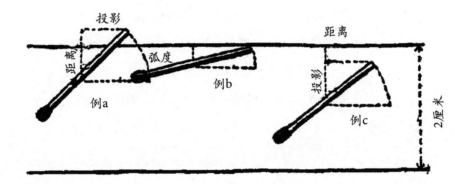

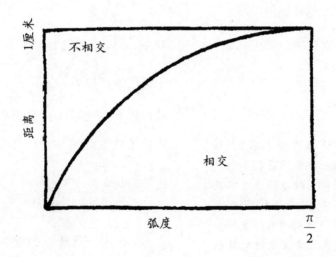

图 48　所画的曲线的取值范围是从 0 到 $\dfrac{\pi}{2}$，$\dfrac{1}{4}$ 段曲线

通过这条曲线就可以计算火柴与边界相交或者不相交这两种可能了。

实际上，我们刚刚已经发现（回到图48上部的三个例子），火柴中心点到边界之间的距离如果比火柴的一般长度在竖直方向上的投影小，也就是比现在的正弦值小，火柴就会相交于边界。这种情况下，代表距离和角度的点处于正弦曲线下方。相反的情况是，火柴能够完整地落在条带中，那么所对应的点就会处于曲线的上方。

根据概率论可以知道，通过求曲线下方的面积与曲线上方面积之比，就可以知道相交概率与不相交概率之比是多少，它们之间是相等关系。所以我们将问题转化成，用事件所对应的面积除以矩形的面积，就可以得出两个事件的概率分别是多少。

通过数学方法可以证明，在图48中，正弦曲线下的面积是1。整个矩形的面积为 $\frac{\pi}{2} \times 1 = \frac{\pi}{2}$。所以我们得到的结果是：当火柴的长度与条纹宽度相等时，它相交于边界的概率为：$\dfrac{1}{\left(\frac{\pi}{2}\right)} = \dfrac{2}{\pi}$。

π 在这个最难以想象的地方出现了，18世纪的博物学家**布封**最先发现了这个有趣的现象，因此，它也被称为"布封问题"。

布封（1707～1788）

法国博物学家。1739年起担任皇家花园主任。他用毕生精力经营皇家花园，并用40年时间写成36卷巨册的《自然史》。他是人文主义思想的继承者和宣传者，在他的作品中常用人性化的笔触描写动物。

严谨勤奋的意大利数学家拉兹瑞尼则是第一个完成这个具体实验的人。他用了3407根火柴，在旗子上进行投掷，共数出来了2169根是相交于边界的。将这个实验测得数据代入布封公式，计算出的 π 是 $\dfrac{(2 \times 3047)}{2169}$，即3.1415929，对比 π ≈3.1415926，直到第七位小数才开始出现偏差！

毫无疑问，这个例子是一次有趣的对概率定律的实用性的证明。但和抛掷几千次硬币的例子相比——抛掷次数除以正面朝上的次数等于2，有趣的程度也差不多。在后者的情况中，你得到的结果是2.000000…得到的误差和拉兹瑞尼测算出的 π 的误差差不多大。

熵的奥妙

在物理系统中，任何自动发生的变化都是向着增加熵的值的方向发展的，最后达到的平衡状态是和熵的最大的可能值相对应的。

>>> 房间里的空气突然集中在一处的概率

上一节的例子都是取自日常生活。从中我们可以知道，当实验次数很少时，这种推算在通常情况下并不怎么准确，只有在次数逐渐变多时结果才越来越精准。

因此对于那些含有大量分子或原子的物体来说，概率定律可以起到非常大的作用。因为就算是我们日常生活中接触到的最小物体，也包含着大量的分子和原子。

所以，六七个醉汉向着各个方向走二三十步，用统计定律来算也只能得到一个并不准确的结果；而应用在几十亿个染料分子一秒钟撞击了几十亿次的例子中，却可以由统计定律进行推导，最后得出非常准确的扩散定律。我们可以这样去描述：在试管中，染料溶解在半个试管的水中，通过扩散均匀地分布在整个液体里，相比原来的分布，这种均匀分布更有可能出现。

同理，在你看书的房间中，在包围房间的四面墙中，天花板的下面，地板的上面，这个房间所包含的全部空间都有空气均匀地充盈着。

你肯定从来不曾碰到过这些空气会突然自发地聚集在房间的某一处，以至于发生让坐在椅子上的你突然无法呼吸的事件。不过这个听起来就异常可怕的事情并不是完全不可能发生，只是可能性非常非常小而已。

为了更好地把这一点说清楚，我们假设有一个房间，这个房间被一个假想的垂直平面分割，变成两个大小相等的空间。这时，空气分子在这两个空间中最有可能是怎样分布呢？

这个问题显然和上文提到的抛掷硬币的问题相同。在房间中任意选择一个空气分子，它在房间的左半边或者右半边的可能性大小相等，就好像抛掷一枚硬币，正面朝上或者反面朝上的概率也是相等的。

在不考虑分子间的作用力的情况下（气体分子间距离很大，空间也就相对很宽裕，所以哪怕已经有一堆分子挤在了一定体积的空间中，其他分子仍可以不受影响地进入），选择的第二、第三个分子以及其他分子，它们是在房间的左半部分还是右半部分的可能性是一样大的。

也就是说，分子在房间两个部分中的分布和一堆硬币是正面朝上还是反面朝上的分布是一样的，最有可能的分布是对半开，我们已经从图43中知道这个问题了。

我们还知道，投掷的次数越多（或分子数量越多），得到50%的可能性就越来越大。当数量达到非常大的值时，可能发生的情况就变成一定会发生的情况。一间标准尺寸的房间大约有10^{27}个**分子**，它们同时集中在房间的右半部分（或者左半部分）的概率是：

> **房间内的空气分子数量**
>
> 一间房间的宽是 10 英尺，长是 15 英尺，高是 9 英尺，体积为 1350 立方英尺，也就是 5×10^7 立方厘米，在这个房间里有 5×10^4 克空气。一个空气分子的重量是 $30 \times 1.66 \times 10^{-14} \approx 5 \times 10^{-23}$ 克，所以这个房间一共包含的分子个数是 $5 \times 10^{4/5} \times 10^{-23} = 10^{27}$。

$$\left(\frac{1}{2}\right)^{10^{27}} \approx 10^{-3 \times 10^{26}}$$

即 $\dfrac{1}{10^3 \times 10^{26}}$。

同时，分子的运动速度是0.5千米/秒，分子从房间的一边穿到另一边所用的时间为0.01秒，换句话说，屋子里的分子在1秒钟的时间里会重新分布100次。

于是，如果想要让所有的空气分子完全分布在右边（或左边），平均需要$10^{299\,999\,999\,999\,999\,999\,999\,999\,999\,998}$秒这么长的时间。你要清楚，到现在为止宇宙的年龄也才10^{17}秒啊！所以，你还是安静地读书吧，你是肯定不会坐着坐着就突然无法呼吸的。

>>> 水杯中的上半杯水冲向天花板的概率

还有一个例子，比如，我们在桌子上放一杯水，由于无规则的热运动，水分子会朝着各个方向高速运动。但是由于水分子还被内聚力束缚着，所以不会从杯子里跑出来。

既然概率定律可以支配任意一个分子的运动状态，就有一种情况需要我们考虑：

在某一个时间点，杯子上部的水分子以一个速度向上运动，杯子下部的水分子以一个速度向下运动。那么两组水分子交界的地方，内聚力的方向是水平的，无法阻止这种"四散逃开的希望"。这时，就有一个非同一般的物理现象出现了：上半杯水像子弹一样快地向着天花板冲过去（图49）！

还有一种可能，这杯水的全部热能在偶然的机会下集中在了上半部分，因此上半部分的水出现了剧烈沸腾的现象，下半部分的水却结冰了。

那么，是什么原因让你从来没有见过这种情况呢？它们并不是完全不可能发生，而是发生的可能性非常小。

实际上，如果你尝试把无规则运动的分子在偶然的情况下获得两组方向相反的速度的概率计算出来，就会发现这个结果和房间里所有空气分子集中在同一处的概率差不多大；同理，分子相互碰撞而失去了大部分动能。同时，另外一些分子获得了这些动能的概率也是小到可以忽略的。因此，我们真正看到现象的速度分布，正是最大概率对应的分布。

图 49   水杯中的上半杯水冲向天花板

>>> 熵定律

如果某一个物理过程在发生的最初阶段，其分子所在的方位和速度都没有达到最可能的状态，例如，有一些气体从屋子的一处释放出来，或把一些热水倒在冷水上，这个系统就会有一连串的物理变化产生，从较不可能的状态转变为最可能的状态。气体将扩散到整个房间直至均匀；热量从上层向底层传递，直到全部水达到相同温度。总结起来就是：

一切基于分子无规则热运动的物理过程，都是向概率增大的趋势发展。当过程不再继续，也就是说此时的物理过程处于平衡状态时，也就达到了最大概率对应的状态。

像房间内的空气分布的例子中，分子分布在不同空间的概率都是一些不太容易表达的小数字（比如空气在半个房间中聚集的概率为$10^{-3 \times 10^{26}}$），因此我们一般都是用它的对数来表示，人们把这个数值叫作熵，它主导着所有物质无规则热运动时出现的现象。

现在重新叙述那些在物理过程中会发生概率变化的语句就是：在物理系统中，任何自动发生的变化都是向着增加熵的值的方向发展的，最后达到的平衡状态是和熵的最大的可能值相对应的。

这就是人们熟知的熵定律，也叫作热力学第二定律（能量守恒定律是第一定律）。所以说，这些都不是什么可怕的东西嘛！

根据上述例子，我们知道，当熵的值达到最大时，分子所处的方位和速度的分布是完全没有规律的，任何使它们的运动更加有序的改变都会减小它们的熵。所以，熵定律也叫作无序增加定律。

还可以在研究热能向机械能转化的过程中推导出熵定律的另一个具有实用价值的公式。大家知道，热是分子在进行无规则运动，所以可以很容易理解，把物体的热能进行转化，变为宏观运动的机械能，实质上是迫使物体中的一切分子的运动方向变为同一个。我们已经知道，在一个水杯中，有一半的水向着天花板冲上去的可能性太小了，事实上可以视为压根不会发生。

因此，虽然机械能可以完全转化为热能（比如通过摩擦），热能却永远不能全部变成机械能。这就让所谓的"第二类永动机"的可能性完全为零。

这类永动机试图在室温下通过降低物体的温度，把其热量吸收过来，用这些热量做功。所以我们是造不出这样一艘船：它不用通过烧煤就能获得前进的能量，只需要吸取海水中的热量，在锅炉里产生蒸汽，并把由于失掉热量而形成的冰块抛到海里。

那真正的蒸汽机是如何既遵循了熵定律，把热能变为机械能的呢？它能如此工作的原因在于，燃料进行燃烧产生了热能，在这些热能中只有一小部分被蒸汽机转化为机械能，剩下大部分能量有的跟随废气进入大气中，有的被冷却装置吸收。这时，整个系统中出现了两种熵变化，并且是相反的：

①一部分热能向着活塞的机械能进行转化，所对应的熵的值会减小；

②剩下的热能从锅炉移动到冷却装置中，对应的熵的值增大。

熵定律要求系统的总熵增大，所以只要第二个过程占比大于第一个就可以了。

我们可以这样来理解这件事情：有一个架子高6英尺（约1.8米），在上面放着一个重物为5磅（约2.25千克）。根据能量守恒定律，这个重物在没有外力的帮助下，不可能自行上升至天花板。然而，它却可以朝着地板的方向甩下一部分重量，这时，会有能量释放出来，帮助它的其他部分向上运动。

也就是说，我们可以减小系统中某个物体的熵值，只要余下的部分中对应的熵值是增加的，它们进行互补就没问题。也就是说，对那些运动无规则的分子来说，如果我们并不关心其中一部分是否更加混乱，只让另一部分变得更有序一些是可行的。而且这正是我们在所有热机械中以及在其他诸多情况中所做的事情。

5

涨落的统计

密度涨落和压力涨落也在液体中发生，只不过现象并不那么明显。因此布朗运动还有一种解释，即微粒在水中悬浮并且来回晃动的原因是微粒在各个方向都受到了迅速变化的压力。当液体的温度离沸点越来越近时，密度涨落的现象也越来越明显，这样一来液体就微微呈现乳白色。

>>> 密度涨落效应

在上一节的讨论中，想必大家已经明白了熵定律及其所有推论都是在对象是数目极大的分子的基础上建立起来的，只有这样，全部在概率的基础上进行的推断才能成为几乎绝对肯定的事实。如果分子数量很小，这类推测和真正的事实相比就差得很远。

比如在前面举的例子中，如果把被空气充满的大房间用一个边长为0.01微米的立方体替换，结论就完全改变了。实际上，替换后的立方体的体积是10^{-18}立方厘米，包含的分子数为$\dfrac{10^{-18} \times 10^{-3}}{3 \times 10^{-23}}=30$。这些分子全部聚集在其中一半空间内的概率就变为$\left(\dfrac{1}{2}\right)^{30}=10^{-10}$。

同时，由于这个立方体拥有较小的体积，分子改变分布状态的速度达到至少每秒钟5×10^{10}次，所以这个空间在一秒内空出空间的一半的机会大概会有10次。至于在这个空间内，发生某一侧的分子比另一侧的分子更集中的情况的可能性更大了。例如，一边有20个分子，另一边有10个分子（也就是有一侧比另一侧多出10个分子）的情况，发生的频率就是：

$$\left(\dfrac{1}{2}\right)^{10} \times 5 \times 10^{10}=10^{-3} \times 5 \times 10^{10}=5 \times 10^{7}$$

即每秒5千万次。

所以说在较小的范围内，空气分子远远不是均匀分布的。如果能将分子放大到完全可以看清楚，我们就会看到密度涨落效应，也就是分子逐渐在某个地方集中起来，然后突然散开，紧接着在其他地方又集中起来。这种效应对许多物理现象都有着很大的影响。

例如，当太阳光从地球的大气层穿过时会发生太阳光谱中蓝光的散射，这是由于大气的不均匀性造成的，所以天空呈现出我们常见的蓝色，太阳看起来也比实际中的颜色更红一些。这种变红的效应在太阳落山时会凸显出来，原因是此时的太阳光会穿过最厚的大气层。如果没有密度涨落这回事，天空的颜色永远是黑色的，那样我们在白天也能见到漫天星辰。

密度涨落和压力涨落也在液体中发生，只不过现象并不那么明显。因此布朗运动还有一种解释，即微粒在水中悬浮并且来回晃动的原因是微粒在各个方向都受到了迅速变化的压力。当液体的温度离沸点越来越近时，密度涨落的现象也越来越明显，这样一来液体就微微呈现乳白色。

因此，我们很想知道，熵定律是否还适用于这种涨落起主导作用的小物体呢？在细菌生存的空间中，一直都被分子来回推搡。了解这一情况的人当然不会轻易同意我们关于热能不能全部转化为机械能的观点！不过应当知道的是，在这种情况下，熵定律已经没有应用价值了，所以我们不应该觉得这个定律就是错的。而对这个定律的严格叙述是：

分子运动如果想转化成包含数量极多的分子的物体运动是很困难的，一个细菌并不会比周围的分子大多少，对它来说，热运动和机械运动之间没有什么区别，它被周围分子推推撞撞，就像是一个人站在人群中，被周围情绪激动的人撞倒了一样。如果我们自己是细菌，那么只要把自己安在一个转轮上，就完成了一台第二类永动机的制造。但这时我们就没有足够强大的头脑想办法利用这个能量了。所以我们并不用因为自己不是细菌而惋惜。

>>> 生物体中的熵定律

在生物体中应用熵定律时，似乎出现了一些问题。实际上，植物在生长时会从空气里吸收二氧化碳的简单分子，从土壤中汲取水分，并且通过合成生产出复杂的有机化合物，成为构成自身的组成部分。把简单分子转化成复杂分子暗示着熵在减小。

通常的情形中，在燃烧木头时，木头分子进行分解后得到二氧化碳分子和水分子，这个过程中熵在增大。植物真的没有遵循熵的增加定律吗？是不是在植物内部真的有种神秘力量（从前的科学家是这样猜测的）支持它们的生长呢？

其实并不存在这个问题。因为植物除了吸收二氧化碳、水和盐类外，也把阳光吸收进来了。阳光中有很多能量，这些能量储存在植物的内部，之后又通过植物燃烧进行释放。

同时，阳光中还有"负熵"（低熵），当光线被植物的绿叶吸收进体内时，负熵就不见了。因此，植物叶片分两步进行光合作用：①太阳的光能向复杂的有机分子化学能转变；②太阳光的负熵使植物的熵降低，简单分子结合成复杂分子。

用"有序对无序"的专门的语句来形容就是：绿叶在吸收太阳光线时，它的内部秩序也被吸收了，并且向分子传递了过去，这样它们构成的分子结构更复杂，更有秩序。无机界为植物提供了物质供应，阳光为植物提供了负熵（秩序）；而动物在捕食植物（或其他动物）的过程中得到负熵，所以动物是负熵的间接使用者。

换一个角度看待生命

在了解了生命与太阳的紧密联系之后，我们就可以从物理学与生物学的一个非常有趣的关系中来看待生命。

在前文中我们提到了，生命本身在某种程度上是不遵循热力学第二定律的。因为宇宙中的演化大都朝着熵增加的方向进行，而生命本身在生长、繁殖的过程中需要从外界吸收"秩序"，让自身保持高程度的"秩序"同时，让周围环境的熵增加更多，所以只是整体上仍旧符合热力学第二定律而已。其实，我们可以看到，"秩序"对于生物的存在是非常重要的。

而我们常说，生物的生长需要获取能量，能量对于生物重要吗？爱因斯坦的质能方程（即描述质量与能量之间的当量关系的方程）已经说明了，质量和能量是等价的，质量不过是能量的一种存在形式。但是，两者就没有区别了吗？如果质量就是能量，植物为什么不能将随处可见的土壤转化成能量供自己生长？动物进食后又会排泄，除了用于构建自身的材料，其他所有废料为什么被排出体外而不是被转化成能量加以利用呢？

所以我们可以得出一个结论，能量和能量之间是有区别的，从热力学的角度来讲，能否被利用在很大程度上取决于能量的"秩序"。高秩序的能量，比如太阳光，就可以被利用。当然，这不仅仅是对生物，我们也可以制造出太阳能板来利用太阳能。更确切一点，是包含在阳光中的太阳"秩序"。如何从外界提取"秩序"来降低自身的熵，这才是对生物体十分重要的。

所以，我们再来看一看我们的生物圈，太阳通过核反应产生高秩序的能量，其中的秩序被植物提取，这些秩序储存在植物体内，在被动物（比如我们）吃掉时，这些秩序就转移到我们身体里。所以，我们吃的是什么？是多汁的水果和新鲜的蔬菜吗？不，本质上我们吃的是太阳！

而在下一章中，我们将共同探寻生命的奥秘，这是一个非常复杂的问题。在本章的结尾，我们也以刚刚提到的秩序做引子向各位提一个有趣的问题：生命的意义是什么？

如果用这里的知识，我们不妨大胆地假设，如果生命的存在就是为了更加快速地增加宇宙的熵呢？毕竟，相比于太阳照在地球上让地球变得温暖，人类燃烧化石能源时的劲头可要大得多！

THE RIDDLE OF LIFE

生命之谜

CHAPTER 4

1

细胞组成了我们

事实上，随意选取一种组织，如皮肤组织、肌肉组织、脑组织等，在低倍显微镜下观察，就会发现这些组织里包含许多更小的单位。这些小单位的性质多多少少决定了整个组织的性质。

>>> 生物原子——细胞

此前我们在讨论物质结构时，特意略过了相对数量很少，但却极其重要的一类物体。由于这类物体是有生命的，所以需要把它们和宇宙间的其他一切物体区别开。那么生物和非生物间到底有什么重要区别呢？一度成功地解释了非生物各种各样性质的物理学基本定律，能否同样适用于解释生命现象呢？

当谈到生命时，你会想到什么？人们往往会想到我们身边那些很大、很复杂的生物，一棵树、一匹马、一个人。但是，如果我们研究复杂生物的本质，那就像分析汽车这种没有生命的复杂结构，肯定不会有什么成果。

很显然我们在这么做的时候会遇到各种各样的困难。一部汽车是由材料、形状和物理状态各不相同的成千上万个部件组成的。有一些是固体（如钢制底盘、铜制导线、挡风玻璃等），有一些是液体（如散热器中的水、油箱中的汽油、气缸中的机油），还有一些是气体（如由汽化器送入气缸的混合气）。

因此，在分析汽车这种复杂物体时，第一步是把物理性质一致的、单独的部件都分成不同的类别。这样就可以发现，汽车是由各种金属（如钢、铜、铬等）、非晶体（如玻璃、塑料等）和均匀的液体（如水、汽油等）组成。接下来我们可以进一步用各种研究物理学的方法对各个部分进行分析。

由此能发现，铜制部件是由小粒晶体组成的，每粒晶体又是由一层层铜原子有规则的刚性连接堆叠而成；散热器内的水是由大量聚集在一起的水分子组成，每一个水分子又由一个氧原子和两个氢原子组成；通过汽化器阀门进入气缸的混合气则是由一大群高速运动的氧气分子、氮气分子和汽油蒸气分子混合在一起组成的；而汽油分子又是碳原子和氢原子的结合体。

相同的道理，在分析像人体这样复杂的生物机体时我们也应先将其分成单独的器官，如大脑、心脏、胆、胃等。然后再把这些器官分离成各种生物学中的单质，也就是所谓的"组织"。正如物理学中是各种单质组成了机械，各种各样的组织实际上就是构成复杂生物体的材料。从这个角度来看，解剖学和生物学是根据各种组织的性质研究生物体作用的，工程学是根据各种物质的力学、磁学、电学等性质来研究这些物质组成的各种机器的作用的，它们的原理实际上是相通的。

所以说，仅仅知道各组织如何组成复杂的有机体，还远远不能够解答生命之谜，我们必须要明白各机体中的组织从根本上是如何由一个个不可分的单位组成的。

如果你认为，可以将活的单一生物组织比作普通物理单质，那可就错得离谱了。事实上，随意选取一种组织，如皮肤组织、肌肉组织、脑组织等，在低倍显微镜下观察，就会发现这些组织里包含许多更小的单位。这些小单位的性质多多少少决定了整个组织的性质（图50）。这些生物的基本组成单元称为"细胞"，也可以叫作"生物原子"（也就是"不可再分者"），这是因为至少要有一个单个细胞，各种组织的生物学性质才能得以维持。

例如，要是把肌肉组织切到只有半个细胞那么大，肌肉就失去收缩性，其他性质也没有维持的基础与可能了，这就如同半个镁原子就不是镁了。你应该还记得原子结构那一章的内容：一个镁原子（原子序数12，原子质量24）的原子核有12个质子和12个中子，核外环绕着12个电子。把镁原子核对半分开，就会得到两个新的碳原子，每个原子有6个质子、6个中子和6个电子。

植物组织细胞

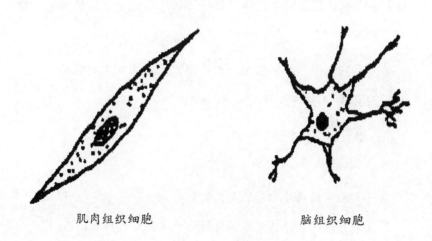

肌肉组织细胞　　　　　　脑组织细胞

图 50　不同种类的细胞

　　构成组织的细胞非常小（平均尺寸只有0.01毫米量级）。一般的植物和动物都由无数个细胞组成，例如，一个成年人的身体由几百万亿个细胞组成！

　　小一些的生物体自然有小一些的细胞总数。如苍蝇和蚂蚁，最多也只有几亿个细胞。还有一大类单细胞生物，如变形虫、草履虫和各种细菌，它们都是由一个单独的细胞构成的，只能通过高倍显微镜才能看到它们。

　　而对于这些在复杂机体中安安稳稳地承担某项"重要职能"的单个活细胞进行的研究，是生物学中最令人振奋的篇章之一。

　　为了在整体层面对生命问题有所了解，我们必须给活细胞的结构和性质下一个定义。

　　那么活细胞和一般无机物，或死细胞，就比如做书桌的木头、制鞋子的皮革中的细胞，有什么不同呢？

　　活细胞有如下几个基本性质：

　　　　①能从周围物质中摄取自己需要的成分；
　　　　②能把这些成分转化为供自己生长所需要的物质；
　　　　③当它们长到一定程度时，能够分成两个与原来相同但体积小一倍的细胞（每个新细胞仍然能生长）。

>>> 普通细胞的生长和繁殖

由单个细胞组成的复杂机体，当然也都具有"吃""长""生"这三种能力。

你有可能会不同意，因为一些普通的无机物质同样具备这三种性质。例如，在**过饱和食盐水**中扔进一小粒食盐，盐水的表面上就会"长"出一层层来自溶液（更准确地说是被溶液赶了出来）的食盐分子晶体。如果我们继续假设下去，当这粒晶体变大到一定程度后，会在某种外力的作用下，比如重力作用，分成两半。这样形成的"子晶"还会继续生长、变大。我们凭什么不能把这个过程看作"生命现象"呢？

制作过饱和食盐水的方法

在热水中溶解大量的食盐，冷却至室温。由于溶解度随温度的降低而减小，水中就会含有比水能够溶解的数量还要多的食盐分子。然而，这些过量的分子能在溶液中维持一段相当长的时间，直到再扔进一小粒盐才会析出。可以说，这粒盐提供了初始动力，是将食盐分子从溶液中"搬迁"出来的领头人。

在回答这一类问题之前我们必须要明白，如果我们只把生命现象看成较为复杂的普通物理、化学现象，那么生物和非生物之间的界限就不那么明显。这就好像在用统计定律描述大量气体分子的运动状况时，我们不能确定统计定律的适用的微粒数界限一样（见第三章）。实际上，一个大房间里的气体不会突然在某个角落里自行聚集，至少这种可能性是小到几乎不可能发生的。但我们也知道，如果在整个房间里只有两三个或者四个分子，那么这种集中的情况就可能会经常发生了。

那么这两种不同情况在数量上有明显的分界线吗？究竟是1000个分子、100万个分子，还是10亿个分子呢？

作为类比，食盐在水溶液中的结晶也好，活细胞的生长分裂现象也好，我们也不会期待它们有一个明确的界线存在。生命现象虽然确实比结晶这种简单过程复杂得多，究其本质却没有什么不同。

不过在刚才那个例子中，可以这样去理解：晶体在溶液中生长的过程，只是把"食物"不做改变地聚集在一起，只是原来溶解在水中的盐分子单纯地聚集到晶体表面上来，是纯粹的物质的物理增减，而不是生物化学中的吸收过程；晶粒偶然裂开分成两半也不过是重力造成的，而且裂开各块的大小也是随机的，这与活细胞由于生物作用能持续不断地准确分成两个细胞实际上并不是一回事，所以析出食盐晶体也不能被看成生命现象。

合成新的酒精分子的化学反应方程式

$$3H_2O+CO_2+C_2H_5OH=2C_2H_5OH+3O_2$$

再来看看下面的这个例子，这个例子与生物学过程更为近似。在二氧化碳水溶液中加入酒精（C_2H_5OH）后，酒精能够自动地把水分子和二氧化碳分子一个个合成新的酒精分子（图51）。

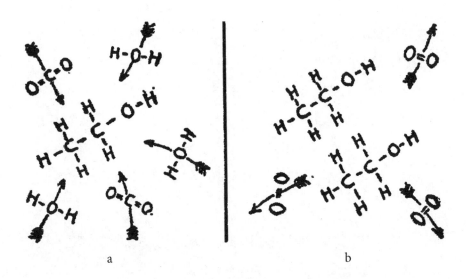

图 51　假如一个酒精分子能够把水分子和二氧化碳分子组
合成酒精分子，就会像图中那样。如果这种"自我合成"
真的能实现，我们就真的得把酒精定义成生物了

　　那么，我们只要往苏打水（碳酸氢钠的水溶液）中滴入一滴威士忌（酒精分子），所有苏打水就会变成威士忌，酒精就真的充满了生命的气息！

　　这个例子并非子虚乌有，后文中我们将提到一种真实存在的，名为病毒的复杂化学物质，它的复杂的分子结构（由几十万个原子组成）就可以从周围环境中吸收分子，并把它们变成与自己相同的分子。这些病毒被当作普通的化学分子，同时又应被看作活的机体，所以也可以说是连接生物与非生物的一个"中间环节"。

　　我们还是先来看普通细胞生长和繁殖的问题。尽管细胞结构复杂，但它依然是最简单的生命体。

使用显微镜就可以看到，典型的细胞是一团具有很复杂的化学结构的半透明胶状物质。一般我们叫这种物质为原生质。原生质外面有一层物质包裹，动物细胞中的这一层物质是柔软轻薄的细胞膜，而各种植物细胞中的这一层物质则是一层赋予它一定强度的厚实坚硬的细胞壁（见图50）。几乎在每一个细胞中都有一个小球状物，这个物质称为细胞核，它由长得像一张细网的染色质组成（图52）。

正常情况下，细胞中的原生质各部分对光的透射率都是相同的，因此显微镜里是无法直接看到活细胞结构的。为了看到它，我们必须给细胞染色，通常这一步利用了细胞各部分吸收染料的能力不同的性质。组成原子核的细网可以很好地吸收染料，因此能在浅色背景上突出地显示出来，"染色质"（即"易吸收颜色的物质"）的名称就是这么来的（如同在一张纸上用白蜡写字，字迹无法显示出来。如果此后用铅笔将纸涂黑，由于被蜡覆盖的地方沾不上石墨，字迹就清楚地在黑色背景上显现）。

当细胞马上开始进行分裂时，细胞核的网状组织会变成与平常差别很大的形态，它们缠绕成一个个丝状或棒状的物质（图52b和c），也就是"染色体"（即"吸收颜色的物体"）。照片 V 的a和b就是这样的情景。

任意一个物种体内的所有细胞（生殖细胞除外）都有相同数目的染色体，就一般情况而言，生物越高级，其细胞内染色体的数目就越多。

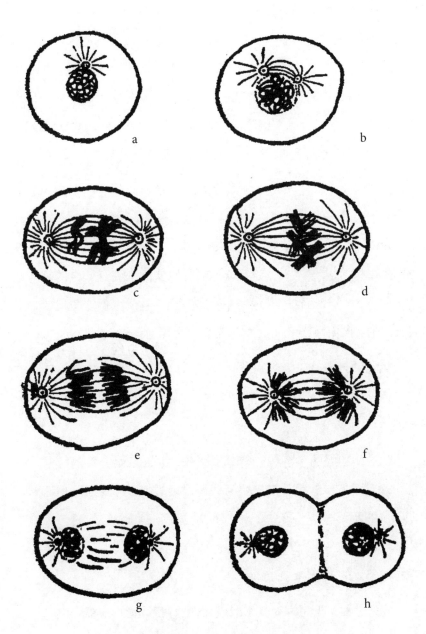

图 52　细胞分裂的各个阶段（有丝分裂）

微小的果蝇（图53）曾极大地帮助了生物学家们了解生物的奥秘，它的每个细胞里就有8条染色体。豌豆有14条染色体，玉米有20条染色体，生物学家呢？他们以及所有的人类细胞里都有46条染色体。看来人们可以小小骄傲一下了，因为从数字上看，人类比果蝇优越6倍。可是蛤蜊的细胞里却有200条染色体，是人类的4倍还要多，看来生物高级不高级还是不能由此一概而论啊！

更为重要的是，一切生物体的细胞内的染色体数目都是偶数，而且几乎可以分成完全相同的两套（见照片Ⅴa，本章会另行讨论其他例外的情况），一套来自父亲，一套来自母亲。所有生物的复杂的遗传性质都来自双亲的这两套染色体（实际上在细胞中的其他地方，如线粒体和植物的叶绿体中也含有遗传物质。但这些遗传物质来自母体的卵细胞），并且它们是代代相传的。

细胞的分裂从染色体有所行动开始：每一条染色体先沿较长的方向整齐地分成更细的两条。这时，细胞体仍然是一个整体（图52d）。

当这团纠缠的染色体变得更加整齐，并要开始分裂的时候，有两个来自细胞核外缘、在开始时离得很近的中心体逐渐互相远离，向细胞的两端移动（图52a、b和c）。这时，有细线连接着分开的中心体和细胞核中的染色体。当染色体分开后，每一半都被连接的细线拉向邻近的中心体（图52e和f）。

分裂过程接近尾声时（图52g），细胞膜（壁）在细胞中心部位凹陷进去（图52h），两边的半个细胞都长出一层薄膜（壁），这两

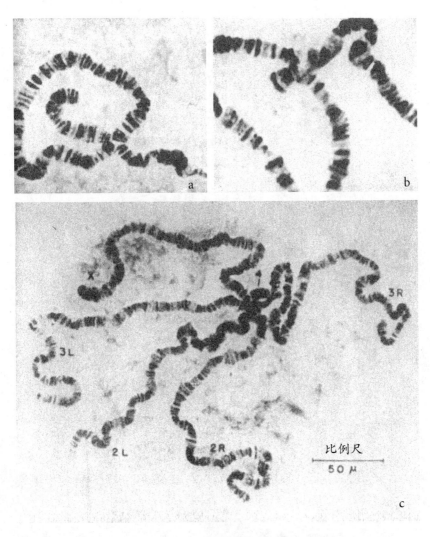

图片 V

a和b.果蝇唾液腺体中染色体的显微照片。图中呈现出倒位和互相易位的现象

c.雌性的果蝇幼体的显微照片

（照片来源：德梅雷克先生）

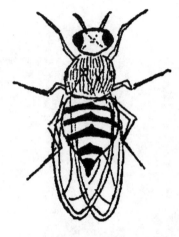

图 53　果蝇

个只有正常细胞一半大的细胞分开，于是就分裂形成两个独立的新细胞。

如果这两个子细胞能从外界获得充足的养分，它们就会长得和上一代细胞一样大（即长大一倍），并且过一段时间之后，它们还会按相同的方式再次分裂。

>>> 染色体的本质

关于细胞的分裂过程，我们只能了解到如上的各个步骤，这些都是来自直接观察的结果。至于如何科学地解释这些步骤，由于我们还不是太了解各个物理、化学作用力切实的本质，至今也没有明确的答案。要给整个细胞做物理分析，现在来看还是有一些复杂。因此在解决细胞问题之前，我们最好先把解染色体的本质了解清楚。染色体的问题相对简单一些，我们在下一节中就要讲到它。

首先，把由多细胞组成的复杂生物的繁殖过程了解清楚，对揭开染色体的本质还是很有用的。这里我们提出一个老生常谈的问题：是先有鸡呢，还是先有蛋？其实，在这类循环往复的生命过程中，无论先从蛋生鸡开始，还是先从鸡生蛋开始，情况都是一样的（其他动物也是如此）。

那我们就先从破壳而出的小鸡开始谈起吧。一只孵化的小鸡，正是经历了一系列连续分裂才长成完整的小鸡的。我们之前曾经提到，成年动物的身体是由上万亿个细胞组成的，而它们全部由一个受精卵细胞不断分裂而成。给人的第一感觉自然是让人们以为需要很多很多代的分裂才能有这么多细胞。

不过，你还记得我们在《从一到无穷大——数字时空与爱因斯坦》第一章中讨论过的那些问题吗？萨·班·达依尔向糊涂国王邀赏成几何级数的64堆麦粒，还有重新安置决定世界末日的64张金片所需的时间。这些都让我们知道分裂次数不需要很多，就能产生极多的细胞。如果从一个细胞变为成年人所有细胞所需的分裂次数用x表示，那么根据每一次分裂都使细胞数目加倍的原理（因为每一个细胞都变为两个），便可以列出下式：

$$2^x = 10^{14}$$

求解后得x＝47。

所以，我们身体里的每一个细胞，都是我们源头的那个卵细胞大约第50代子孙。

在动物成长的初期，细胞分裂进行得很快；而在成熟的生物体内，正常情况下大多数细胞处于"休眠伏态"，分裂一次只是偶尔的想象，分裂活动以补偿由于各种体内外损耗造成的细胞数量损失，达到"产生和损耗的平衡"。

>>> 配子的分裂过程

接下来，我们就要讨论一种特殊的细胞分裂现象，即产生生殖的"配子"（又叫"生殖细胞"）的分裂过程。

任何具有两个性别的生物体，在它们发育的早期阶段都有一些细胞会被专门"储备起来"，供将来生殖使用。

这些在生殖器官内的细胞，只在器官本身的生长过程中进行几次一般分裂，次数远小于其他器官中的细胞。所以说，在这些细胞将要产生下一代时，它们的生命力是在十分旺盛的状态的。

此时，这些生殖细胞又开始分裂，不过是以另一种比上述分裂更为简单的方式：构成细胞核的染色体不像一般细胞那样先被分成两部分（其实是进行了自我复制），而是直接简单地互相分开（图54a、b和c）。这样，每个子细胞得到原来一半的染色体。

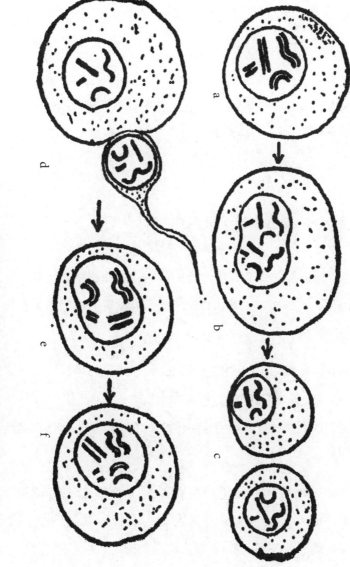

图 54　配子的生成过程 (a, b, c) 和卵细胞的受精过程 (d, e, f)

在第一阶段（减数分裂）中，储备的生殖细胞染色体未被劈裂（复制）就被分到两个"半细胞"中；在第二阶段（配合），精子细胞钻入卵细胞，它们的染色体又重新结合，这个受精卵就又开始进行图52那样的正常分裂。

细胞的一般分裂叫作有丝分裂；而这种产生"一半染色体"的细胞分裂方式则是减数分裂，由减数分裂产生的子细胞叫作精子细胞和卵细胞，或者说雄配子和雌配子。

>>>X 染色体和 Y 染色体

也许此时有的人会提出这样的问题：生殖细胞将会分裂成两个相同的部分，那么雄、雌两种配子又是怎么区分的呢？下面我们就来说一下。

我们前面提到过的两套几乎完全相同的染色体里面有一对很特殊的染色体，它们在雌性生物体内是相同的，而在雄性生物体内则是不同的。这对特殊的染色体叫作性染色体，我们用X和Y这两个字母区别表示。

雌性生物体内的细胞有两条X染色体，而雄性生物体内则有X、Y染色体各一条（人类和所有哺乳动物都是这样的。鸟类则恰恰相反，如公鸡有两条相同的性染色体，母鸡却有两条不同的）。如果把一条X染色体换成Y染色体，就意味着一种生物性别的根本区别（图55）。

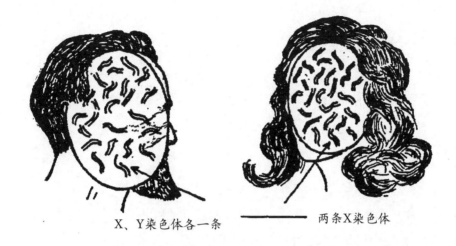

X、Y染色体各一条 ——————— 两条X染色体

图 55 男性和女性的染色体不同

女性的所有细胞都含有23对两两相同的染色体，男性的细胞中有一对性染色体却不相同。这一对中有一条X染色体和一条Y染色体，而女性的细胞中两条都是X染色体。

由于雌性生物的所有生殖细胞都有一对X染色体，当它们做减数分裂时，每个配子一定得到一条X染色体。但是雄性生殖细胞则有X染色体和Y染色体各一条，在它分裂形成的两个配子中，一个含有X染色体，另一个就含有Y染色体。

在受精过程中，一个雄配子（精子细胞）和一个雌配子（卵细胞）结合在一起。产生的细胞可能含有一对X染色体，也可能含有X染色体和Y染色体各一条，两种情况概率相同。前者发育成女孩，后者则发育成男孩。

这个非常重要，下一节中我们还会讲到。现在还是继续来看生殖的过程。

>>> 配子结合

精子细胞和卵细胞结合叫"配子结合",结合后得到的是一个完整的细胞,它开始按照图52所示的"有丝分裂"一分为二。新生成的两个细胞在一段短暂的休整之后,又各自一分为二,产生的四个细胞再继续分裂。这样持续下去,每一个子细胞都有原来那个受精卵中染色体的一份精确的复刻。染色体有一半来自父亲,另一半来自母亲。

图56a展示的是精子进入休眠的卵细胞体中。这两个配子的结合使新形成的完整的细胞开始又一轮活动。细胞先分裂成2个,然后是4个、8个、16个……(图56b、c、d、e)当已经有了相当多的细胞时,它们就会变成肥皂泡的样子,每个细胞都分布在其表面上,因为这样的排列方式有利于细胞从周围介质中获得养分(f)。之后细胞会向内部的空腔凹陷进去(g),此时是原肠胚阶段。这时的胚胎像是一个小口袋,袋子的开口被用来进食和排泄废物(h)。珊瑚虫这样的动物也就发育到这种程度了,更加高级的物种则继续生长、变化。一部分细胞发展成骨骼,另一部分细胞则演化成消化、呼吸和神经等系统。在经历了胚胎的各个阶段后(i),最终成为可辨认出其物种的生物体(j)。

就像之前说到的,发育中的机体会在早期发展阶段就把一些细胞放到一边保存起来供将来繁殖使用。待机体发育成熟,这些细胞将继续减数分裂,产生出新的配子,完整地重复上述过程。生命就这样一直往复。

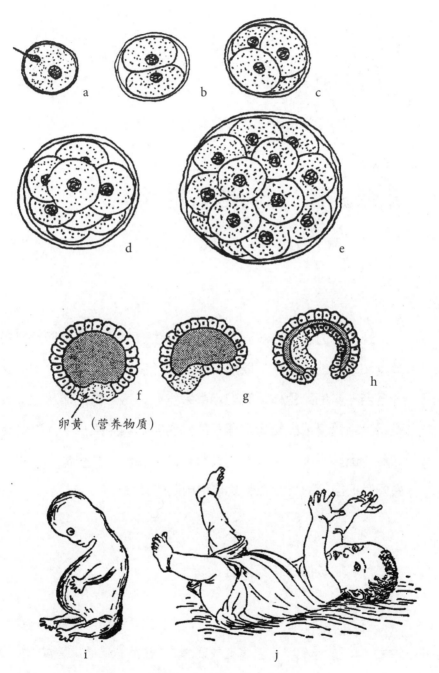

卵黄（营养物质）

图 56 受精卵逐步发育为成熟个体的过程

2 遗传与基因

现在我们已经了解到，每一个新生命会从自己父母那里各继承到一半的染色体。既然父母的染色体又分别来自父母的父母各自一半的染色体，我们自然会觉得，这个新生命从祖父或祖母、外祖父或外祖母那里只能分别得到其中某一个人的遗传信息。但事实不一定如此，有时祖父、祖母、外祖父、外祖母会同时把自己的某些性状遗传给自己的孙辈。

>>> 显性遗传与隐性遗传

生殖过程中最值得关注的点是，来自双亲的两个配子发育成新的生命，这个新个体不会发育成别的任何生物，而必然是自己父母以及其父母的父母的复制品，虽然不会完全一样，却十分相似。

我们有理由相信，一对爱尔兰猎狼犬生下的后代，不会是一只兔子，以后长大了也不会变成一头大象，也不会长成大象那么大，或仅仅是到了兔子那么大。它生来就注定是一条狗：四条腿、一条长尾巴，头部两侧各有一只耳朵和一只眼睛。并且我们还能对它的其他特征相当有把握，它的耳朵会软软地下垂着，它的毛会是长而金棕色的，而且很有可能善于狩猎。它身上一定在种种细微之处有着和它的父母及它的祖先相同的特点，同时也一定兼具不少自己的独特之处。

所有良种爱尔兰猎狼犬具有的特性，是怎样放入用显微镜才能看到的小小的配子中去的呢？

刚才提到了，每一个新生命都从自己的父母那里各得到一半数量的染色体。所以我们推论，在物种层面大的相似之处，是在父母双方的染色体中都有体现，而每个单独个体细微的不同之处，则是从父母中单方面得到。并且尽管我们有十足的把握，在漫长的发展中，繁衍了许多代之后，每种动植物的大多数基本性质都可能发生变化（物种的进化就是很好的证明），但在有限的时间内，生物体只有一些很微小的、无关紧要的特性变化。

基因学关心的主要课题就是这些特性及其世代延续。虽然我只是处在这门学科的入口，但它已经给我们讲述了许多关于生命的隐秘而有趣的故事。我们已经知道，遗传遵循数学定律那样简洁的规律进行着，这就与绝大部分生物学现象完全不同。这一点就说明遗传问题涉及了生命的本质。

下面就以我们都知道的人眼缺陷——色盲为例，对这个问题探讨一番。最常见的色盲症状是无法看见红绿两种颜色。要想弄清色盲机理是什么，我们就得先知道人为什么可以分辨颜色，这既需要研究视网膜的复杂构造和工作性质，还要研究不同波段的光能引起的光化学反应等一系列过程。加上色盲遗传问题，那看起来比解释色盲现象本身要更加复杂了。但意想不到的是，研究的结果却十分简单明了。

通过在人群中的统计结果可以给出这些结论：

①男性色盲患者远多于女性；

②色盲父亲和非色盲母亲不会生下色盲孩子；

③非色盲父亲和色盲母亲的儿子全部是色盲，女儿则不是色盲。

从这几点就可以非常清楚地知道，色盲的遗传必然与性别有联系。如果再进一步假设色盲产生的原因是一条染色体出了毛病，而这条染色体代代相传。用逻辑推理，我们就可以进一步得出结论：X染色体上的缺陷造成了色盲。

从这一假设出发，归纳总结统计结果就能得到十分显而易见的色盲规律了。雌性细胞中有两条均为X染色体，而雄性只有一条X染色体（另一条为Y染色体）。如果男性唯一的一条X染色体有色盲缺陷，他必然是色盲了；假设只在两条X染色体都有这种缺陷时，女性才会成为色盲，如果她有哪怕一条正常染色体，就能保证正常感

209

知色彩的能力。如果人群中X染色体中带有色盲缺陷的概率为1‰，那么，1000名男性中就会有1个色盲。我们去做一个比较，女性的两条X染色体都有缺陷的可能性应该按照概率乘法定理计算（见第三章），即

$$\frac{1}{1000} \times \frac{1}{1000} = \frac{1}{1000000}$$

所以，在100万名女性中才可能有一个色盲。

下面，我们来分析色盲丈夫和非色盲妻子（图57a）的情况。他们的儿子会从母亲那里接受一条"没有问题的"X染色体，从父亲那里则不会接受X染色体，因此他也就不是色盲。

而这对夫妻的女儿会从母亲那里得到一条"没有问题的"X染色体，从父亲那里得到的必然是"有问题的"X染色体。那么女儿也不会是色盲，但她如果生儿子，则儿子有可能是色盲。

在"非色盲丈夫和色盲妻子（图57b）"这种情况下，他们的儿子唯一的X染色体源一定来自母亲，所以他只能是色盲了；生下的女儿则可以从父亲那里得来一条"没有问题的"染色体，从母亲那里得来一条"有问题的"，从而不会是色盲。但是和前面的情况一样，她的儿子可能是色盲。看，这是不是非常简单！

类似色盲这样，需要一对染色体全部发生改变才能有性状出现不同的遗传过程，我们起名"隐性遗传"。它们能以隐蔽的遗传模式，从祖父、外祖父一辈传给孙子、外孙一辈。在一些偶然的情况里，两条漂亮的德国牧羊犬会生出一条与父母完全不同且有缺陷的狗崽，这样的悲剧正是源于上述情形。

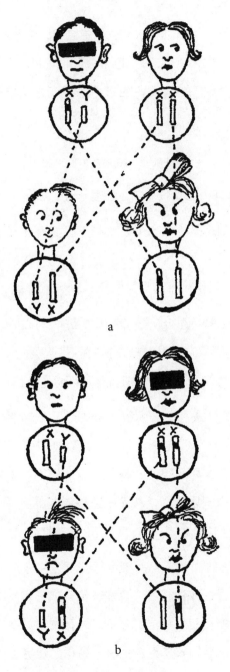

图 57　色盲的遗传图谱

　　与隐性遗传相对，还有一种"显性遗传"，就是只要一对染色体中的一条发生变化，对应的性状就发生改变。我们先不举基因学的实例，而是用一种想象出的怪兔子来说明这类遗传。这种怪兔子生来就长着一对米老鼠那样的圆耳朵。如果假设这种"米奇耳朵"是一种显性遗传特征，即哪怕只有一条染色体发生变化，兔子的耳朵就会长成这种怪样子（当然是对兔子来说），我们可以预测它后代的样子会如图58那样（假设那只怪兔子及其后代都与正常兔子交配）。我们在图中用一个小黑点标记造成"米奇耳朵"性状的那条不正常的染色体。

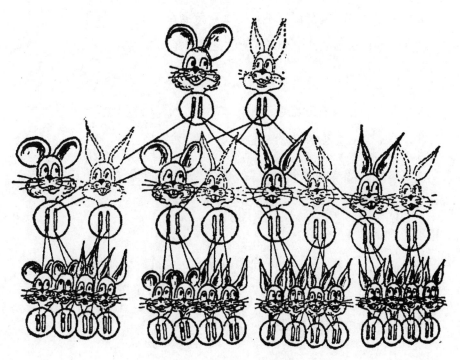

图 58　显性遗传示意图

>>>"中间型"遗传

除了显性和隐性这两种非黑即白的遗传方式外，还有一种可以称之为"中间型"。如果我们在花园里分别种两种颜色的茉莉——白色和红色。

那么，当红花的花粉（植物的精子细胞）被风或昆虫带到另一朵红花的雌蕊上时，花粉与雌蕊基部的胚珠（植物的卵细胞）结合，发育出新的种子。这些种子将来落地、生长，开出来的还是红花。

同理，白花与白花结出的种子，长成植株开的也是白花。可如果是白花的花粉落到红花的雌蕊上，或者红花的花粉落到白花的雌蕊上，这样得到的种子将来开出的花朵会是粉红色的。

但是从这里就不难猜出，粉红色花朵并非一种可以稳定遗传花色的品种。如果在粉红色花朵之间授粉，将会有50%的后代开粉红花，25%开红色花，25%开白色花。

该怎么解释这样的现象呢？我们只需要假设花朵的颜色或红或白是由植物细胞某一条染色体上的一部分决定，再去理解就不难了。

如果两条染色体相同，花的颜色就会是纯红或纯白；如果一条是红的，另一条是白的，这两条染色体互不谦让，得到的结果就是介于其中的粉红色，如图59。

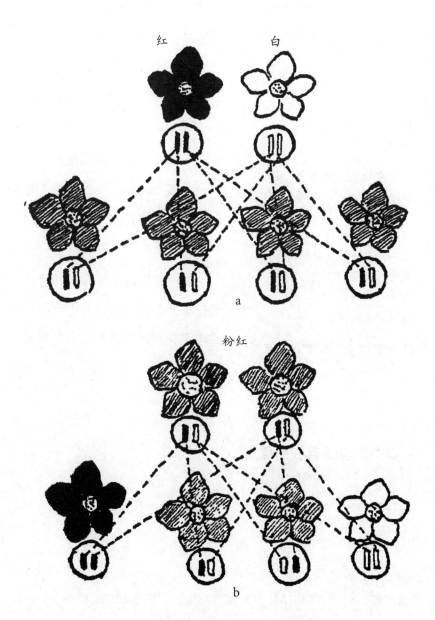

图 59 "中间型"遗传示意图

这张图给出了"颜色染色体"在后代茉莉花中的分布，我们从中可以看到上文发现的各颜色比例关系。

> **格雷尔·孟德尔**（1822～1884）
>
> 奥地利生物学家，遗传学的奠基人，被尊称为"遗传学之父"。他通过豌豆实验研究豌豆的性状，从而进行遗传规律的探索，最终发现了遗传学的两大基本规律——分离规律和自由组合规律。

类似图59，我们同样可以画出这样的遗传图，白色和粉色茉莉花产生的下一代中，粉红花和白花各占一半，但没有开红花的；类似地，红花和粉红花可育出一半的红花和一半的粉红花的后代，但是不会开出白花。

这些就是遗传定律，19世纪塞拉维亚教派神父、为人谦和的**孟德尔**在布鲁恩的教堂里种植豌豆时发现了它。

>>> 基因存在的意义

目前为止，我们已经了解了新生生物继承双亲的各种性状与来源于它们的不同染色体的联系。

不过，生物的各种性状实在是太多了，相对而言染色体的数量简直少得可怜（果蝇有8条、人类有46条），因此我们必须假设每一条染色体都携有携带者很多很多特性。

不难由此想象，这些特性是沿着构成染色体的细丝紧挨着分布的。事实上，只要看一看照片Ⅴa拍摄的果蝇唾液腺体的染色体（大多数生物的染色体都极小，但是果蝇的染色体相对来说要大得多，因此比较容易在显微镜下观察到），我们就能发现，那些沿横向一层层分布的暗条纹是储存各个性状的地方。

其中有一些横条决定了果蝇的颜色，另一些则与它翅膀的形状有关，还有一些决定了果蝇有6条腿、身长0.25英寸（约0.64厘米）左右，并且会长成果蝇的样子，而不是一些其他动物。

基因学的研究就可以证实，这种想法是正确的。我们不但可以证明染色体上的这些小小的组成单元，也就是"基因"，承载着各种遗传性质，并且可以找到与其一一对应的关系。

但是哪怕用最大倍率的显微镜来观察，所有的基因几乎长得一模一样，它们之间的不同一定取决于分子本身结构上的区别。因此想要了解每个基因的"存在意义"，那就要仔细研究动植物在不断繁衍的过程中这些遗传性质是如何传递给后代的。

现在我们已经了解到，每一个新生命会从自己父母那里各继承到一半的染色体。

既然父母的染色体又分别来自父母的父母各自一半的染色体，我们自然会觉得，这个新生命从祖父或祖母、外祖父或外祖母那里只能分别得到其中某一个人的遗传信息。

　　但事实不一定如此，有时祖父、祖母、外祖父、外祖母会同时把自己的某些性状遗传给自己的孙辈。

　　这是否推翻了上述染色体的遗传规律呢？其实没有，只是我们的叙述过于简单了。应该要考虑到这样一种情况：

　　　　当被储备起来的生殖细胞准备进行减数分裂而变成两个配子时，成对的染色体经常会纠缠在一起，交换其组成部分。

　　图60a和b演示了这种父母的基因交换的过程，这就是有混合遗传的原因。还有这样一种情况：

　　　　一条染色体本身也可能弯成一个圈子，然后在别的地方断开，从而改变了基因的顺序（图60c，照片Vb）。

　　显然，两条染色体之间的部分交换或者一条染色体变更顺序极有可能使原来相距很远的基因挨在一起，而原来挨在一起的基因则会分开。

　　这就如同给一副扑克洗一次牌，虽然只分开一对相邻的牌，却会改变这一副牌上下两部分的相对位置（还会把首尾两张牌拼在一起）。

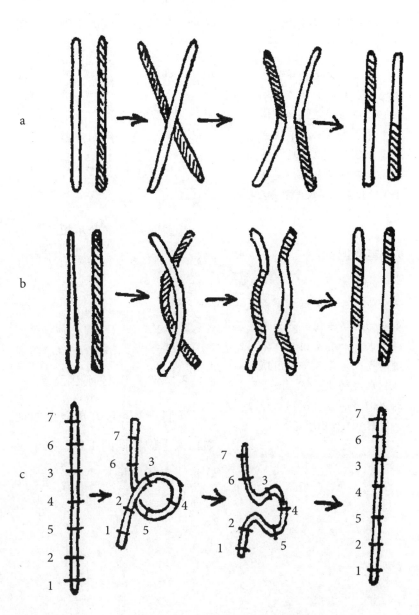

图 60　父母基因交换的过程

托马斯·亨特·摩尔根
（1866～1945）

美国进化生物学家、遗传学家和胚胎学家。他在1933年发现染色体在遗传中的作用，创立了染色体遗传理论。他是现代实验生物学的奠基人，获得了诺贝尔生理学或医学奖。

人类基因组计划

2001年，由美、英、法、德、日和中国科学家参与的人类基因组计划已经发表了人类基因工作草图，被认为是人类基因组计划成功的里程碑。截止到2003年，人类基因组计划的测序工作已经完成。

因此，如果某两项遗传性质在染色体发生改变的情况下，仍然是一起起作用或者消失，我们就知道它们对应的基因在染色体中是相邻的；相反，经常分开出现的性质，它们所对应的基因一定处在染色体中相距很远的两个位置上。

美国遗传学家**摩尔根**和他的学派就沿着这个方向进行研究，并给他们的研究对象果蝇确定了染色体中各基因的排列顺序。

图61就是这项研究工作给果蝇的四条染色体列出的基因图谱。

我们当然也能在更复杂的动物和人上做相同的工作，只不过这种研究需要更加仔细、更加小心谨慎。

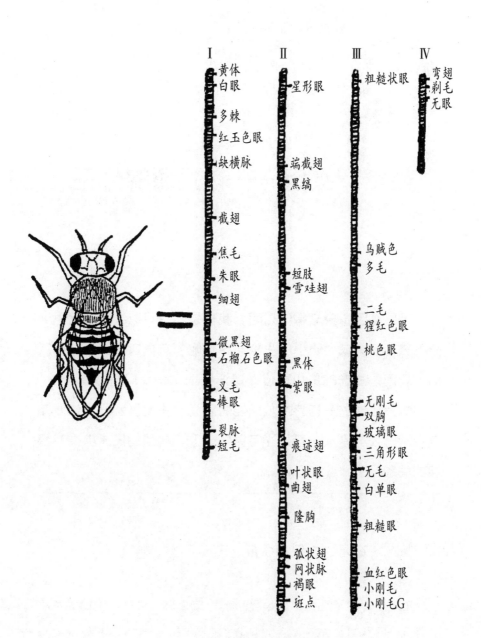

图 61　果蝇的基因图谱

3

基因——有生命的分子

可是基因本身又是什么呢？我们是不是可以继续将它再细分下去，让其成为更小的生物学单位呢？这一次的回答是否定的。基因是生命的最小单位。更详细地说，我们当然要明白，基因具有生命的一切特性从而能将它和非生物区别开，也要知道它同时还与遵从一般化学定律的分子，如蛋白质、糖类有密切的关系。

>>> 基因的体积和质量

在逐步解构了有机体极为复杂的组成之后，似乎我们已经可以触碰到生命的基本单元了。并且我们已经可以总结，有机体的整个发展过程和生物发育成熟后的几乎所有的性质，都由深埋在细胞内部的一套基因控制着。我们简直可以说每一个动物和每一株植物，都是"围绕"其基因生长的。

打一个不太恰当的比方就是，有机体和基因之间的关系，就像大块无机化合物和它的原子核之间的关系。任何一种物质的所有物理和化学性质，都可以追溯到用一个数字表示电荷量的原子核的基本性质上。

例如，有6个单位电量的原子核周围会聚集6个电子，具有这种结构的原子倾向于排成正六面体，成为有极高硬度和高折射率的物质，也就是金刚石。再如一些分别带有29个、16个和8个电荷的原子核，会形成一些紧紧连在一起的原子，它们组成叫作硫酸铜的浅蓝色水溶液。

而那些有生命的机体，哪怕是最简单的一类，也比任何晶体要复杂得多。但它表征出的各类宏观现象都是由微观上有主导作用的活性中心全权决定的。就这个典型例子而言，这两者是相同的。这些决定生物一切性状（从玫瑰的香味到大象鼻子的形状）的组织有多大呢？这不是什么难题：用染色体的体积除以它包含的基因数目就可以了。

根据显微观测结果，一条染色体的平均尺寸大致为0.001毫米，那么它的体积就是10^{-14}立方厘米。而根据实验结果，一条染色体能够决定的遗传性质可以达到数千种，可以通过对果蝇那条大染色体上横排的暗条（单个基因）得到这一结果（照片Ⅴ）。用染色体总体积除以单个基因的个数，一个基因的体积不会大于10^{-17}立方厘米。原子的平均体积约为10^{-23}立方厘米，约等于$(2 \times 10^{-8})^3$。

所以能够得到结论：单个的基因大致由100万个原子组成（根据现在的研究表明，已知基因只占其中一部分，剩下的"垃圾片段"至今没有发现其作用。而对于这些不合成蛋白质的"垃圾片段"，我们更倾向于认为不是它们没有作用，只是其作用尚未被我们发现）。

我们还可以计算出单个基因的质量。以人为例，成年人约有10^{14}个细胞，每个正常细胞的染色体为46条，因此，人体内染色体的总体积约为：

$$10^{14} \times 46 \times 10^{-14} \approx 50立方厘米$$

也就是50克左右（人体密度与水相近）。

这么一小点儿的"组织物质"，就能撑起它周围比自己重几百、几千倍的动植物体这样复杂的结构。正是因为它们从内部决定着生物每一个阶段的生长与结构的生成，甚至决定着生物大部分的行为习惯。

>>> 基因的排列

可是基因本身又是什么呢？我们是不是可以继续将它再细分下去，让其成为更小的生物学单位呢？这一次的回答是否定的。基因是生命的最小单位。更详细地说，我们当然要明白，基因具有生命的一切特性从而能将它和非生物区别开，也要知道它同时还与遵从一般化学定律的分子，如蛋白质、糖类有密切的关系。

换句话说，有机物和无机化合物之间那个过渡的物质（即本章开头时提到的"有生命的分子"）看来就储存在基因之中。

一方面，基因具有强稳定性，可以一代一代不发生什么变化地传递下去；另一方面，为数不多的原子就能构成一个基因，所以说基因可以看成是设计得当的每个原子或原子团都在自己的指定位置上排列的结构。不同的基因所表现的性质不同，在宏观表现出来的就是生物有众多不同的器官。我们可以将产生的这些不同的性质看成基因中原子构成的变化造成的。

我们用一个简单的例子说明。TNT（三硝基甲苯）是在两次世界大战中发挥重要作用的爆炸性物质，它的分子由7个碳原子、5个氢原子、3个氮原子和6个氧原子按下列方式中的一个排列形成：

这三种方式的不同之处就在于，$N\begin{smallmatrix}O\\O\end{smallmatrix}$ 原子团与碳环的连接方式不同。三种不同排列方式得到的三种物质一般叫作 α-TNT，β-TNT和 γ-TNT。这三种物质都可以在实验室合成，而且它们都具有爆炸性。但三者略有不同的是在密度、溶解度、熔点和爆炸威力等方面。使用纯化学方法，人们可以比较容易地把 $N\begin{smallmatrix}O\\O\end{smallmatrix}$ 原子团从一个连接点移动到同一分子的其他连接点上，从而转换成另一种TNT。这样的情况在化学中很常见，分子越大，可以得到的变形（同分异构体）就越多。

如果把基因看作一个100万个原子组成的大型分子，那么在这个分子的各个位置连接上不同原子团的可能情况可就多了去了！

我们设想基因是一些周期性重复的原子团组成的长链，各种其他原子团附着在其上，像挂有坠饰的手镯那样。这些年来，随着生物化学的不断发展，我们已经能确切地知道遗传"手镯"的样式了。"手镯"由碳、氮、磷、氧和氢等原子组成，叫作核糖核酸。

在图62中，我们画出决定新生婴儿眼睛颜色的遗传"手镯"的一部分（省略了氮原子和氢原子）的示意图。图中的四个"装饰"表明婴儿的眼睛是灰色的。如果将这些"装饰"换一换，几乎可以得到无限种的排列方式。

例如，如果一个遗传"手镯"有10个不同的"装饰"，那么它的排列组合方式有：

$$1 \times 2 \times 3 \times 4 \times 5 \times 6 \times 7 \times 8 \times 9 \times 10 = 3,628,800 \text{种}。$$

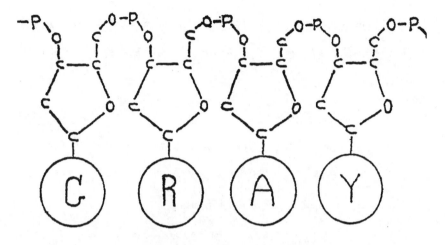

图 62　决定眼睛颜色的遗传"手镯"（核酸分子）
的一部分（已经在很大程度上简化了）

如果有一些"装饰"是相同的，排列组合的方式就会少一些。

上述那10个"装饰"如果两两相同（共5种），那么还有113,400种不同的排列方式。当"装饰"的总数增多时，排列组合的方式就会增多。例如，当"装饰"为5种、每种5个（即共25个）时，就可产生约62,330,000,000,000种可能性！

既然在大的有机分子里，各种不同的"装饰"在各个挂钩上尽情组合，可以产生数量极多的排列方式，那么满足一切实际生物如此多形状的需要也就没有什么问题了，而且哪怕我们尽情发挥想象力，构造出一个十分荒诞的生物，这个数字也足够它用了。

对于这些沿线状基因分子排列的，对生物性状起决定性的作用"装饰"来说，有一点很重要，那就是它们的排列组合可能会发生自发性的改变，那么整个生物体的宏观性状因而也会发生改变。热运动是造成这种改变的最常见的诱因。热运动使整个分子像大风吹树枝一样来回摇摆，在温度足够高时，分子的晃动会剧烈到足以把自己撕裂开，也就是发生了热离解过程（见第三章）。

但是，即使在温度较低，分子不会晃动、能够保持自身完整的时候，热运动也可能使一些分子的结构发生变化。我们可以试想一下这个可能：在分子某个地方悬挂的"装饰"在其晃动时有可能被晃动到邻近的挂钩上，从而脱离原先的位置。

普通化学就可以告诉我们，这种同分异构体的转变在那些较为简单的分子上经常发生。温度每升高10℃，反应速率大约加快一倍。

而基因分子的问题，由于它们的结构太复杂，恐怕在今后相当长的时间内，有机化学家们也未必能搞清楚（1953年，美国分子生物学家沃森和英国生物学家克里克两人共同发现了DNA的双螺旋结构，并于1962年获得生理学或医学诺贝尔奖）。

>>> 基因突变

目前还没有一种化学分析方法能直接验证基因分子的同分异构变化。不过，从某种角度来说，有一种现象要比进行化学分析遇到的艰难险阻好得多。如果雄配子或雌配子的其中一个基因发生了同分异构的变化，它们结合成的细胞将会把这种变化在基因分配和细胞复制的一系列过程中原原本本地保留下来，并使得产生的后代在宏观特征上有明显的变化。

在基因学上取得的一个最重要的成果，就是发现了生物体中遗传的自发改变总是不连续且间隔地发生，也就是突变。这是荷兰植物学家**德佛里斯**在1902年发现的。

举例来说，前文提到的果蝇中，野生的果蝇一般是灰身长翅。从野外随机捉一只，不会有什么例外，都是灰身长翅。但是在实验

德佛里斯（1848～1935）

荷兰植物学家和遗传学家，孟德尔定律的三个重新发现者之一。他在1901年提出生物进化起因于骤变的"突变论"，这一理论在历史上产生了重大影响，使人们开始怀疑达尔文的进化论。但后来研究表明，他的发现不是进化的普遍规律。

室条件下，一代一代地培育果蝇，就会突然有一瞬间得到"变异"的果蝇，它有不正常的短翅，身体也差不多是黑色的（图63）。

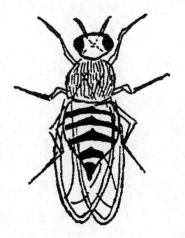

a.正常的果蝇：灰色身体，长翅　　b.变异的果蝇：黑色身体，短翅（退化翅）

图 63　果蝇的自发变异

而且我们在果蝇的"正常"前辈和变异的黑身短翅这种极端情形之间没有发现不同程度的黑灰色身体,也没有翅膀长短不一的果蝇,就是说祖先和突变的新品种之间,不存在过渡的个体。所有新的一代(有上百个)几乎都有同样的灰色外表,同样的长翅,只有一只(或几只)是完全不同的。

> **达尔文**(1809 ～ 1882)
>
> 英国生物学家、博物学家,进化论的奠基人。曾经人们认为物种是不变的,而他的进化理论是这样描述的:生物都有繁殖过剩的倾向,而生存空间和食物是有限的,所以生物必须"为生存而斗争"。在同一种群中的个体存在着变异,那些具有能适应环境的有利变异的个体将存活下来,并繁殖后代,不具有有利变异的个体就被淘汰。如果自然条件的变化是有方向的,则在历史过程中,经过长期的自然选择,微小的变异就得到积累而成为显著的变异。由此可能导致亚种和新种的形成。

所以结论就是,要么不变,要么变化超级大(突变),类似的情况已经出现上百次。比如说色盲并非全部遗传。有一种情况,祖辈都是正常的,但他们的孩子却是色盲。人群出现色盲就如同果蝇中出现长短翅一样,遵循"要么有、要么无"的原则。我们不会考虑辨色能力的强弱,而考虑的是有无辨色能力。

听说过**达尔文**的人都知道,新一代的生物在性状上的这种改变,加上后天环境的选择,让适者生存,这样才使得物种的进化持续下去(突变现象的发现对达尔文的经典理论做了一点修正,即物种进化不是来自连续进行的微小变化，而是由不连续的跳跃式变化造成的）。

正是由于这个原因，简单的软体动物才能一步步进化成现在具有高度智慧的人类，这是大自然的骄傲，我们是连本书这样晦涩难懂的文字都能读懂的生物啊！

用前文提到的基因分子同分异构变化的方式解释生物遗传性质的跳跃式变化是完全没问题的。如果决定性质的"装饰"位置发生了相对改变，那么这种变化不会是一点点。它要么留在原处完全不变，要么连到新位上，生物体性质就产生了不连续的变化。

我们还发现生物的突变率与所在的培养环境有着密切的关系，这一点很好地支持了"突变"是由基因分子的同分异构变化造成的。

梯莫菲耶夫和齐默做的有关温度对突变率影响的实验表明，在不考虑环境物质和其他因素引起的复杂变化的情况下，一般化学反应遵循的基本物理化学定律，同样适用于基因。这项重大的发现同时使德布瑞克得出了一个具有划时代意义的观点，即生物突变现象完全等效于分子同分异构变化这个纯物理化学过程。

基因理论已经找到了许多物理学基础，尤其是X射线和其他辐射造成突变可以为我们提供很多重要证据，我们可以在这个方向一直不停地谈下去。但根据已知的情况来看，读者们应该足以相信科学界已经迈过对"神秘"生命现象进行纯物理解释的门槛。

>>> 病毒的大小

在结束这个话题之前，我们还得提一提另一种生物学单元——病毒。它很有可能是不属于细胞内部的自由基因。

在此之前，生物学家们还把各式各样的细菌当作生命最简单的形式。这种单细胞微生物在动植物体内生活繁殖，有的还会让我们生病。例如，我们已经用显微镜发现，伤寒病是由一种3微米长、0.5微米粗的杆状细菌引起的；猩红热是由一种直径2微米左右的球状细菌引起的。但其他一些疾病，用普通显微镜怎么也找不到致病细菌，比如人类的流行性感冒和烟草植株的花叶病。

同时，这些特殊的"无菌"疾病从感染的机体传染到健康机体上的方式又和一般传染病相同，并且感染后会迅速地传遍受害个体的全身。人们自然会想，这些疾病是由一些想象出来的生物所导致的，于是给这些生物命名病毒。

直到后来人们发明了紫外线显微技术（用紫外光），以及后来的电子显微镜的问世（用电子束代替可见光线以得到更大的放大率），微生物学家们才第一次见到了从来没有发现过的病毒结构。

病毒是大量小微粒的集合。同一种病毒的大小完全一样，且比细菌小得多（图64）。流感病毒的微粒是直径为0.1微米的小球，烟草花叶病毒则是一根细棒，长0.28微米、粗0.015微米。

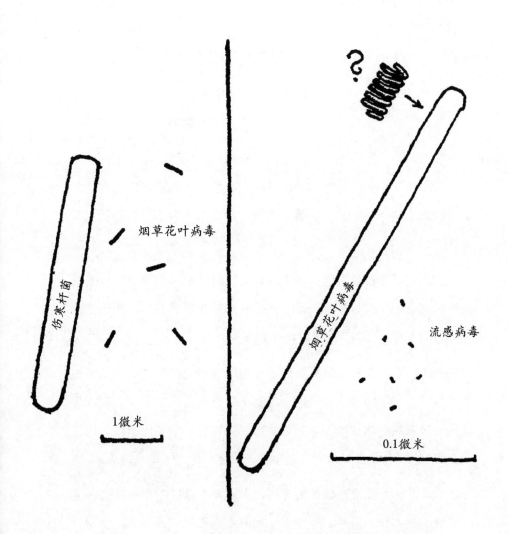

图 64　比较流感病毒、烟草花叶病毒、伤寒杆菌的大小

　　照片Ⅵ是用电子显微镜拍摄的现在已知的最小生命单元烟草花叶病毒的照片，给我们留下了深刻的印象。单个原子的直径大致为0.0003微米，所以说，烟草花叶病毒大约只有50个原子横向排列，而有约1000个原子纵向排列，总体积不超过200万个原子。

　　有没有觉得这个数字很眼熟？这个数字不就是单个基因中的原子数嘛！因此，病毒这种物质可能是不属于染色体，是没有被细胞质包裹的"自由基因"。

　　并且这样看来，病毒的繁殖过程和染色体在细胞分裂过程中的翻倍现象非常类似：整个病毒沿中轴分裂成两个大小一样的新病毒微粒。

　　也就是说在正常繁殖过程中（如同图51那个虚构的酒精自我复制），复杂分子的各个原子团从周围介质中吸收了一样的原子团，并把它们按照自己的方式精确地排列在一起。

　　在这之后，已经成熟的新分子便与原来的分子分开。而这些过程发生在这种原始的生物上时，看起来并不像生长的过程，旧的机体只是把新的机体拼凑出来。这就像在人类身上发生的事情，母体连接着胎儿，等到胎儿发育完全就离开母体一样。

　　所以说这个繁殖过程如果可行，必须要有特殊的、具备各种必要成分的介质作为条件。事实上，和有细胞质的细菌不同，病毒只能生活在生物组织的活细胞质中并进行繁殖，也就是说，它们是很"挑剔"的。

照片Ⅵ 这是用电子显微镜拍摄的放大 34800 倍的烟草花叶病病毒

(照片来源：G.奥斯特博士和W.M.斯坦利博士)

>>> 病毒的突变

病毒还有另一个和其他生物一样的特点，就是可以突变，并且突变出来的新特性可以传给自己的后代，这也符合基因学定律。生物学家们现在已经能辨别同一病毒的几个不同的遗传植株，并能监测它的"种族繁衍"。当一场流行性感冒在村镇上蔓延时，人们就能知道这是由某种新的流感病毒的突变体引发的，因为突变后的病毒有一些不同之处，而人体却还不能对新的病毒产生免疫能力。

>>> 病毒也可被看作化学分子

在前文中，我用了长篇的激情论调证明，病毒应当被看作生命体。我还要以同样热心的态度宣告，病毒也应被当成标准的化学分子，它们遵从一切物理定律和化学定律。而对病毒体进行的化学分析已然表明：病毒就是有确定组成的化合物，我们可以把它们当成各种复杂的有机（同时无生命的）化合物，可以参与各种类型的置换反应。所以写出各种病毒的化学结构式，正如我们对酒精、丙三醇（甘油）、糖等物质做到的那样，只是一个时间问题。而且我们发现了一件更令人惊奇的事情：同一种病毒的形状大小完全相同。

显微镜下的观察表明，脱离了营养介质的病毒会自行排列成普通晶体。例如，"番茄缺素症"病毒就会结晶成漂亮的大块斜12面体！甚至和长石、岩盐一样放在矿物标本柜里都不违和；可一旦把它放回番茄地里，它就又变回有生命的形态。

由无机化合物合成活的机体的这一成就是加利福尼亚大学病毒研究所的弗兰克尔–康拉特和威廉斯率先完成的。他们把烟草花叶病毒分成两部分，每一部分都是一种很复杂的、没有生命的有机物。人们之前就已经了解到，这种病毒是长棒形状的（照片Ⅵ），其遗传核心是由一串长而直的分子（核糖核酸，即RNA）组成的，遗传核心外面像电磁铁的导线那样被蛋白质的长分子环绕着。

弗兰克尔–康拉特和威廉斯使用了许多种化学试剂，在没有破坏的前提下成功把这些病毒体分离成RNA分子和蛋白质分子。RNA的水溶液在一个试管中，蛋白质的水溶液在另一个试管中。用电子显微镜观察检验，试管里分别只有这两种物质，而每个试管中都毫无生命迹象。

然而当把这两种液体倒在一起时，每24个核糖核酸分子组成一组，同时蛋白质分子将核糖核酸分子缠绕起来，形成与实验之初完全一样的病毒微粒。再次让它们感染烟草植株，重新组合的病毒依旧会造成烟草花叶病，其功能和之前的病毒并无差别。

当然在此次实验中，两种化学成分是来自分离的病毒。生物化学家已经掌握了人工合成核糖核酸和蛋白质的方法。尽管目前（这里指20世纪60年代，作者成书的时间）还只能合成一些较小的分子，但也许将来某一天我们可以用简单的原料合成病毒里的两种分子，然后把它们结合在一起，便是人造病毒微粒。

DNA与RNA

我们今天已经对DNA耳熟能详了，它的中文名称是脱氧核糖核酸，是生物的遗传物质。DNA储存了生物所有的遗传信息。

但这些今日所有人都清楚的事实，其实是在不久之前才被发现的。你可以在本章中看到，即使作者写作本书的时候，遗传物质、病毒到底是什么，科学界都还没有搞清楚。

生物学是发展最为迅猛的学科之一。随着物理学从宏观进入微观，我们知道了日常熟悉的物质是由什么元素组成，由什么分子构成，这样就给生物学奠定了坚实的发展基础。比如，发现DNA双螺旋结构的沃森和克里克，是凭借着DNA分子的X射线衍射照片探明了DNA的结构。

他们的这个发现解决了作者所处的时代生物学界所担心的"装饰"互换的问题。事实上，由于DNA双螺旋结构比之前假设的结构要稳定得多，它的"装饰"不再仅仅是挂在主链上，而是连接两条主链的一座座坚固桥梁。

　　同样，生物学随着物理学手段的增多继续发展壮大。比如，在文中所处的时代，人们认为核糖核酸，也就是RNA，它是病毒的遗传物质。因此也可能是单细胞生物和动植物的遗传物质。

　　而我们现在了解到，RNA和DNA都可能是病毒的遗传物质，病毒是由DNA或者RNA加上蛋白质的外壳组成的。而有细胞的生物体内只有DNA是遗传物质，RNA虽然存在，但是其职责只在细胞其他功能中发挥作用。